KB086837
연산 능력 강화
개념 기억력 강화
기초력 완성

# 수와 연산

수와 연산

## 1학년

**1-1 9까지의 수**
- 1부터 9까지의 수
- 수로 순서 나타내기
- 수의 순서
- 1만큼 더 큰 수, 1만큼 더 작은 수 / 0
- 수의 크기 비교

**1-1 덧셈과 뺄셈**
- 9까지의 수 모으기와 가르기
- 덧셈 알아보기, 덧셈하기
- 뺄셈 알아보기, 뺄셈하기
- 0이 있는 덧셈과 뺄셈

**1-1 50까지의 수**
- 10 / 십몇
- 19까지의 수 모으기와 가르기
- 10개씩 묶어 세기 / 50까지의 수 세기
- 수의 순서
- 수의 크기 비교

**1-2 100까지의 수**
- 60, 70, 80, 90
- 99까지의 수
- 수의 순서
- 수의 크기 비교
- 짝수와 홀수

**1-2 덧셈과 뺄셈**
- 계산 결과가 한 자리 수인 세 수의 덧셈과 뺄셈
- 10이 되는 더하기
- 10에서 빼기
- 두 수의 합이 10인 세 수의 덧셈

- 받아올림이 있는 (몇)+(몇)
- 받아내림이 있는 (십몇)−(몇)

- 받아올림이 없는 (몇십몇)+(몇), (몇십)+(몇십), (몇십몇)+(몇십몇)
- 받아내림이 없는 (몇십몇)−(몇), (몇십)−(몇십), (몇십몇)−(몇십몇)

## 2학년

**2-1 세 자리 수**
- 100 / 몇백
- 세 자리 수
- 각 자리의 숫자가 나타내는 값
- 뛰어 세기
- 수의 크기 비교

**2-1 덧셈과 뺄셈**
- 받아올림이 있는 (두 자리 수)+(한 자리 수), (두 자리 수)+(두 자리 수)
- 받아내림이 있는 (두 자리 수)−(한 자리 수), (몇십)−(몇십몇), (두 자리 수)−(두 자리 수)
- 세 수의 계산
- 덧셈과 뺄셈의 관계를 식으로 나타내기
- □가 사용된 덧셈식을 만들고 □의 값 구하기
- □가 사용된 뺄셈식을 만들고 □의 값 구하기

**2-1 곱셈**
- 여러 가지 방법으로 세어 보기
- 묶어 세기
- 몇의 몇 배
- 곱셈 알아보기
- 곱셈식

**2-2 네 자리 수**
- 1000 / 몇천
- 네 자리 수
- 각 자리의 숫자가 나타내는 값
- 뛰어 세기
- 수의 크기 비교

**2-2 곱셈구구**
- 2단 곱셈구구
- 5단 곱셈구구
- 3단, 6단 곱셈구구
- 4단, 8단 곱셈구구
- 7단 곱셈구구
- 9단 곱셈구구
- 1단 곱셈구구 / 0의 곱
- 곱셈표

## 3학년

**3-1 덧셈과 뺄셈**
- (세 자리 수)+(세 자리 수)
- (세 자리 수)−(세 자리 수)

**3-1 나눗셈**
- 똑같이 나누어 보기
- 곱셈과 나눗셈의 관계
- 나눗셈의 몫을 곱셈식으로 구하기
- 나눗셈의 몫을 곱셈구구로 구하기

**3-1 곱셈**
- (몇십)×(몇)
- (몇십몇)×(몇)

**3-1 분수와 소수**
- 똑같이 나누어 보기
- 분수
- 분모가 같은 분수의 크기 비교
- 단위분수의 크기 비교
- 소수
- 소수의 크기 비교

**3-2 곱셈**
- (세 자리 수)×(한 자리 수)
- (몇십)×(몇십), (몇십몇)×(몇십)
- (몇)×(몇십몇)
- (몇십몇)×(몇십몇)

**3-2 나눗셈**
- (몇십)÷(몇)
- (몇십몇)÷(몇)
- (세 자리 수)÷(한 자리 수)

**3-2 분수**
- 분수로 나타내기
- 분수만큼은 얼마인지 알아보기
- 진분수, 가분수, 자연수, 대분수
- 분모가 같은 분수의 크기 비교

자연수 / 자연수의 혼합 계산 / 분수의 곱셈과 나눗셈
자연수의 덧셈과 뺄셈 / 분수의 덧셈과 뺄셈 / 소수의 곱셈과 나눗셈
자연수의 곱셈과 나눗셈 / 소수의 덧셈과 뺄셈

## 4학년

**4-1 큰 수**
- 10000 / 다섯 자리 수
- 십만, 백만, 천만
- 억, 조
- 뛰어서 세기
- 수의 크기 비교

**4-1 곱셈과 나눗셈**
- (세 자리 수)×(몇십)
- (세 자리 수)×(두 자리 수)
- (세 자리 수)÷(몇십)
- (두 자리 수)÷(두 자리 수), (세 자리 수)÷(두 자리 수)

**4-2 분수의 덧셈과 뺄셈**
- 두 진분수의 덧셈
- 두 진분수의 뺄셈, 1−(진분수)
- 대분수의 덧셈
- (자연수)−(분수)
- (대분수)−(대분수), (대분수)−(가분수)

**4-2 소수의 덧셈과 뺄셈**
- 소수 두 자리 수 / 소수 세 자리 수
- 소수의 크기 비교
- 소수 사이의 관계
- 소수 한 자리 수의 덧셈과 뺄셈
- 소수 두 자리 수의 덧셈과 뺄셈

## 5학년

**5-1 자연수의 혼합 계산**
- 덧셈과 뺄셈이 섞여 있는 식
- 곱셈과 나눗셈이 섞여 있는 식
- 덧셈, 뺄셈, 곱셈이 섞여 있는 식
- 덧셈, 뺄셈, 나눗셈이 섞여 있는 식
- 덧셈, 뺄셈, 곱셈, 나눗셈이 섞여 있는 식

**5-1 약수와 배수**
- 약수와 배수
- 약수와 배수의 관계
- 공약수와 최대공약수
- 공배수와 최소공배수

**5-1 약분과 통분**
- 크기가 같은 분수
- 약분
- 통분
- 분수의 크기 비교
- 분수와 소수의 크기 비교

**5-1 분수의 덧셈과 뺄셈**
- 진분수의 덧셈
- 대분수의 덧셈
- 진분수의 뺄셈
- 대분수의 뺄셈

**5-2 수와 범위와 어림하기**
- 이상, 이하, 초과, 미만
- 올림, 버림, 반올림

**5-2 분수의 곱셈**
- (분수)×(자연수)
- (자연수)×(분수)
- (진분수)×(진분수)
- (대분수)×(대분수)

**5-2 소수의 곱셈**
- (소수)×(자연수)
- (자연수)×(소수)
- (소수)×(소수)
- 곱의 소수점의 위치

## 6학년

**6-1 분수의 나눗셈**
- (자연수)÷(자연수)의 몫을 분수로 나타내기
- (분수)÷(자연수)
- (대분수)÷(자연수)

**6-1 소수의 나눗셈**
- (소수)÷(자연수)
- (자연수)÷(자연수)의 몫을 소수로 나타내기
- 몫의 소수점 위치 확인하기

**6-2 분수의 나눗셈**
- (분수)÷(분수)
- (분수)÷(분수)를 (분수)×(분수)로 나타내기
- (자연수)÷(분수), (가분수)÷(분수), (대분수)÷(분수)

**6-2 소수의 나눗셈**
- (소수)÷(소수)
- (자연수)÷(소수)
- 소수의 나눗셈의 몫을 반올림하여 나타내기

+ 교과서에 따라 3~4학년군, 5~6학년 내에서 학기별로 수록된 단원 또는 학습 내용의 순서가 다를 수 있습니다.

# 곱셈구구

## 2단

2×1=2
2×2=4
2×3=6
2×4=8
2×5=10
2×6=12
2×7=14
2×8=16
2×9=18

## 3단

3×1=3
3×2=6
3×3=9
3×4=12
3×5=15
3×6=18
3×7=21
3×8=24
3×9=27

## 4단

4×1=4
4×2=8
4×3=12
4×4=16
4×5=20
4×6=24
4×7=28
4×8=32
4×9=36

## 5단

5×1=5
5×2=10
5×3=15
5×4=20
5×5=25
5×6=30
5×7=35
5×8=40
5×9=45

## 6단

6×1=6
6×2=12
6×3=18
6×4=24
6×5=30
6×6=36
6×7=42
6×8=48
6×9=54

## 7단

7×1=7
7×2=14
7×3=21
7×4=28
7×5=35
7×6=42
7×7=49
7×8=56
7×9=63

## 8단

8×1=8
8×2=16
8×3=24
8×4=32
8×5=40
8×6=48
8×7=56
8×8=64
8×9=72

## 9단

9×1=9
9×2=18
9×3=27
9×4=36
9×5=45
9×6=54
9×7=63
9×8=72
9×9=81

# 거꾸로 곱셈구구

## 9단

9×9=81
9×8=72
9×7=63
9×6=54
9×5=45
9×4=36
9×3=27
9×2=18
9×1=9

## 8단

8×9=72
8×8=64
8×7=56
8×6=48
8×5=40
8×4=32
8×3=24
8×2=16
8×1=8

## 7단

7×9=63
7×8=56
7×7=49
7×6=42
7×5=35
7×4=28
7×3=21
7×2=14
7×1=7

## 6단

6×9=54
6×8=48
6×7=42
6×6=36
6×5=30
6×4=24
6×3=18
6×2=12
6×1=6

## 5단

5×9=45
5×8=40
5×7=35
5×6=30
5×5=25
5×4=20
5×3=15
5×2=10
5×1=5

## 4단

4×9=36
4×8=32
4×7=28
4×6=24
4×5=20
4×4=16
4×3=12
4×2=8
4×1=4

## 3단

3×9=27
3×8=24
3×7=21
3×6=18
3×5=15
3×4=12
3×3=9
3×2=6
3×1=3

## 2단

2×9=18
2×8=16
2×7=14
2×6=12
2×5=10
2×4=8
2×3=6
2×2=4
2×1=2

초등수학

2·2

## 개념 + 드릴

기억에 오래 남는 **한 컷 개념**과 **계산력 강화를 위한 드릴 문제 4쪽**으로 수와 연산을 익혀요.

**연산**

계산력 강화 단원

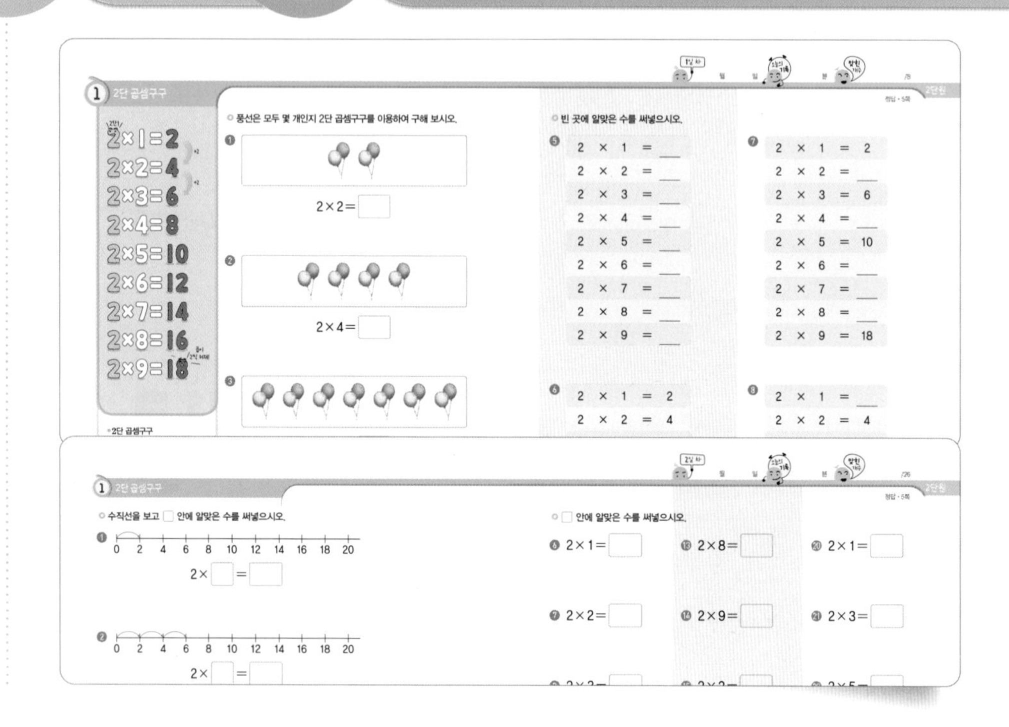

1 2단 곱셈구구

2×1=2
2×2=4
2×3=6
2×4=8
2×5=10
2×6=12
2×7=14
2×8=16
2×9=18

○ 풍선은 모두 몇 개인지 2단 곱셈구구를 이용하여 구해 보시오.

❶ 2×2=□

❷ 2×4=□

○ 빈 곳에 알맞은 수를 써넣으시오.

| ❺ | ❼ |
|---|---|
| 2 × 1 = | 2 × 1 = 2 |
| 2 × 2 = | 2 × 2 = |
| 2 × 3 = | 2 × 3 = 6 |
| 2 × 4 = | 2 × 4 = |
| 2 × 5 = | 2 × 5 = 10 |
| 2 × 6 = | 2 × 6 = |
| 2 × 7 = | 2 × 7 = |
| 2 × 8 = | 2 × 8 = |
| 2 × 9 = | 2 × 9 = 18 |

| ❻ | ❽ |
|---|---|
| 2 × 1 = 2 | 2 × 1 = |
| 2 × 2 = 4 | 2 × 2 = 4 |

1 2단 곱셈구구

○ 수직선을 보고 □ 안에 알맞은 수를 써넣으시오.

❶ 0 2 4 6 8 10 12 14 16 18 20

2×□=□

❷ 0 2 4 6 8 10 12 14 16 18 20

2×□=□

○ □ 안에 알맞은 수를 써넣으시오.

2×1=□ 2×8=□ 2×1=□

2×2=□ 2×9=□ 2×3=□

## 개념 + 익힘

기억에 오래 남는 **한 컷 개념**과 **기초 개념 강화를 위한 익힘 문제 2쪽**으로 도형, 측정 등을 익혀요.

**도형, 측정 등**

기초 개념 강화 단원

1 m와 cm의 관계

m는 cm보다 큰 단위야.

100cm=1m
1 미터

130cm = 100cm+30cm = 1m 30cm
1 미터 30 센티미터

• 1 m
1 m(1 미터)는 100 cm와 같은 길이
100 cm = 1 m

• 몇 m 몇 cm와 몇 cm로 나타내기
1 m 30 cm(1 미터 30 센티미터)는 1 m보다 30 cm 더 긴 길이
130 cm = 1 m 30 cm

○ □ 안에 알맞은 수를 써넣으시오.

❶ 200 cm=□m
❷ 300 cm=□m
❸ 400 cm=□m
❹ 500 cm=□m
❺ 600 cm=□m
❻ 700 cm=□m
❼ 800 cm=□m

❽ 3 m=□cm
❾ 4 m=□cm
❿ 5 m=□cm
⓫ 6 m=□cm
⓬ 7 m=□cm
⓭ 8 m=□cm
⓮ 9 m=□cm

⓯ 150 cm=□m □cm
⓰ 290 cm=□m □cm
⓱ 340 cm=□m □cm
⓲ 470 cm=□m □cm
⓳ 660 cm=□m □cm
⓴ 830 cm=□m □cm
㉑ 980 cm=□m □cm

㉒ 1 m 20 cm=□cm
㉓ 2 m 30 cm=□cm
㉔ 4 m 50 cm=□cm
㉕ 5 m 60 cm=□cm
㉖ 7 m 40 cm=□cm
㉗ 8 m 10 cm=□cm
㉘ 9 m 70 cm=□cm

82 • 개념플러스연산 2-2 3. 길이 재기 • 83

# 연산력을 강화해요!

## 적용

다양한 유형의 연산 문제에 **적용 능력**을 키워요.

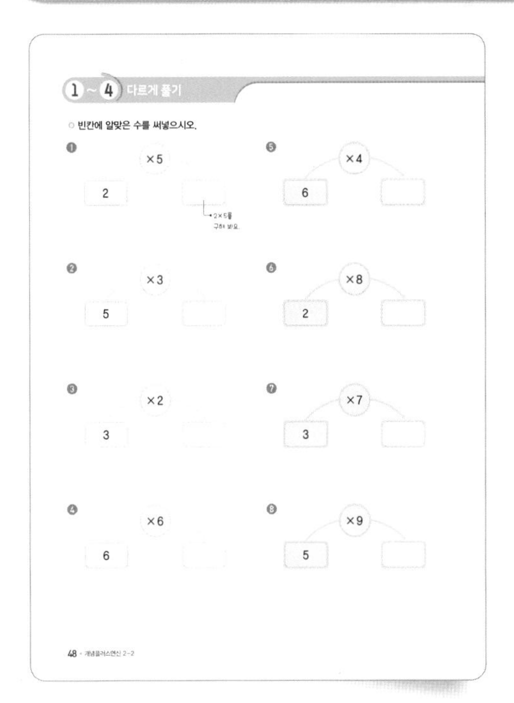
1 ~ 4 다르게 풀기

○ 빈칸에 알맞은 수를 써넣으시오.

1. ×5 : 2 → □ (2×5를 구해 봐요.)
2. ×3 : 5 → □
3. ×2 : 3 → □
4. ×6 : 6 → □
5. ×4 : 6 → □
6. ×8 : 2 → □
7. ×7 : 3 → □
8. ×9 : 5 → □

48 · 개념플러스연산 2-2

## 특강

비법 강의로 빠르고 정확한 **연산력을 강화**해요.

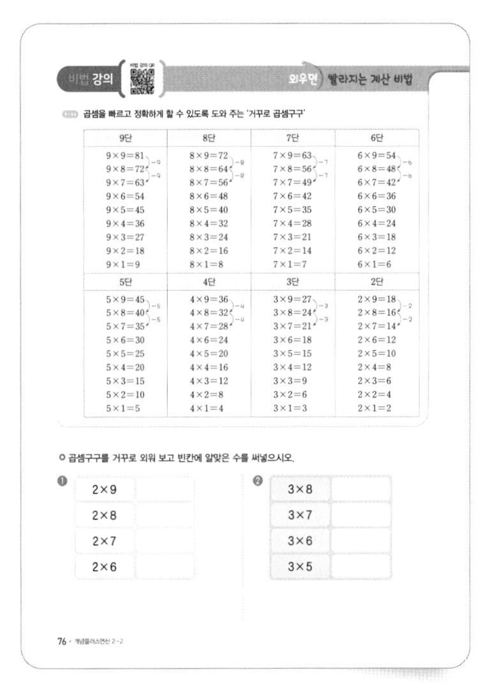
비법 강의 · 외우면 빨라지는 계산 비법

곱셈을 빠르고 정확하게 할 수 있도록 도와 주는 '거꾸로 곱셈구구'

| 9단 | 8단 | 7단 | 6단 |
|---|---|---|---|
| 9×9=81 | 8×9=72 | 7×9=63 | 6×9=54 |
| 9×8=72 | 8×8=64 | 7×8=56 | 6×8=48 |
| 9×7=63 | 8×7=56 | 7×7=49 | 6×7=42 |
| 9×6=54 | 8×6=48 | 7×6=42 | 6×6=36 |
| 9×5=45 | 8×5=40 | 7×5=35 | 6×5=30 |
| 9×4=36 | 8×4=32 | 7×4=28 | 6×4=24 |
| 9×3=27 | 8×3=24 | 7×3=21 | 6×3=18 |
| 9×2=18 | 8×2=16 | 7×2=14 | 6×2=12 |
| 9×1=9 | 8×1=8 | 7×1=7 | 6×1=6 |

| 5단 | 4단 | 3단 | 2단 |
|---|---|---|---|
| 5×9=45 | 4×9=36 | 3×9=27 | 2×9=18 |
| 5×8=40 | 4×8=32 | 3×8=24 | 2×8=16 |
| 5×7=35 | 4×7=28 | 3×7=21 | 2×7=14 |
| 5×6=30 | 4×6=24 | 3×6=18 | 2×6=12 |
| 5×5=25 | 4×5=20 | 3×5=15 | 2×5=10 |
| 5×4=20 | 4×4=16 | 3×4=12 | 2×4=8 |
| 5×3=15 | 4×3=12 | 3×3=9 | 2×3=6 |
| 5×2=10 | 4×2=8 | 3×2=6 | 2×2=4 |
| 5×1=5 | 4×1=4 | 3×1=3 | 2×1=2 |

○ 곱셈구구를 거꾸로 외워 보고 빈칸에 알맞은 수를 써넣으시오.

1. 2×9, 2×8, 2×7, 2×6
2. 3×8, 3×7, 3×6, 3×5

76 · 개념플러스연산 2-2

**외우면 빨라지는** 자주 나오는 계산의 결과를 외워 계산 시간을 줄여요.

평가로 마무리~!

## 평가

단원별로 **연산력을 평가**해요.

클리닉 북

평가 후 부족한 연산력은 「클리닉 북」에서 보완해요.

# 차례

2-2에서 배울 내용을 확인해요!

# 네 자리 수

## 학습하는 데 걸린 시간을 작성해 봐요!

| 학습 내용 | 학습 회차 | 걸린 시간 |
|---|---|---|
| 1 천, 몇천 | 1일 차 | /2분 |
| | 2일 차 | /7분 |
| 2 네 자리 수 | 3일 차 | /5분 |
| | 4일 차 | /9분 |
| 3 네 자리 수의 자릿값 | 5일 차 | /2분 |
| | 6일 차 | /6분 |
| 4 뛰어 세기 | 7일 차 | /6분 |
| | 8일 차 | /8분 |
| 5 네 자리 수의 크기 비교 | 9일 차 | /7분 |
| | 10일 차 | /10분 |
| 평가 1. 네 자리 수 | 11일 차 | /13분 |

# 1 천, 몇천

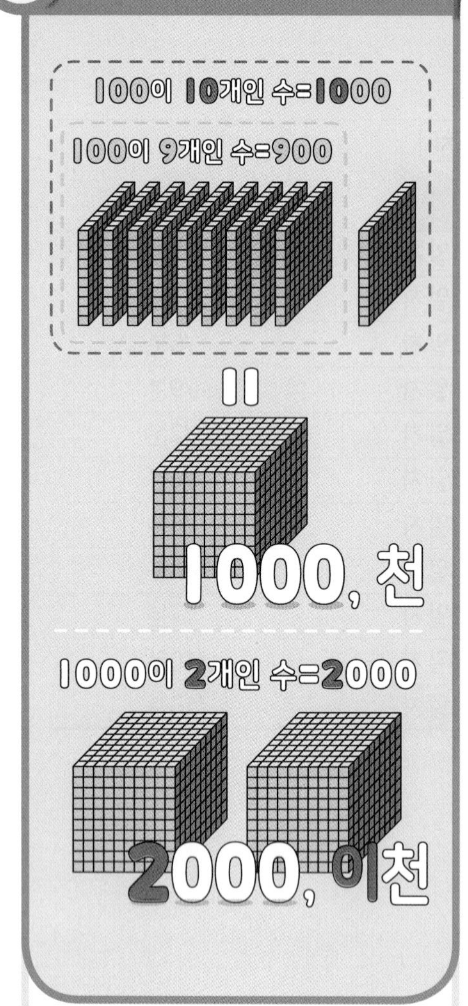


● 천

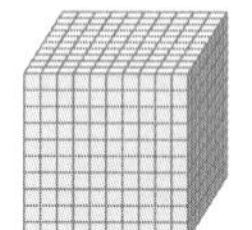

• 100이 10개인 수
• 900보다 100만큼 더 큰 수

쓰기 1000 읽기 천

● 몇천을 쓰고 읽기

| 수 | 쓰기 | 읽기 |
|---|---|---|
| 1000이 2개 | 2000 | 이천 |
| 1000이 3개 | 3000 | 삼천 |
| 1000이 4개 | 4000 | 사천 |
| 1000이 5개 | 5000 | 오천 |
| 1000이 6개 | 6000 | 육천 |
| 1000이 7개 | 7000 | 칠천 |
| 1000이 8개 | 8000 | 팔천 |
| 1000이 9개 | 9000 | 구천 |

○ 수 모형을 보고 □ 안에 알맞은 수나 말을 써넣으시오.

❶

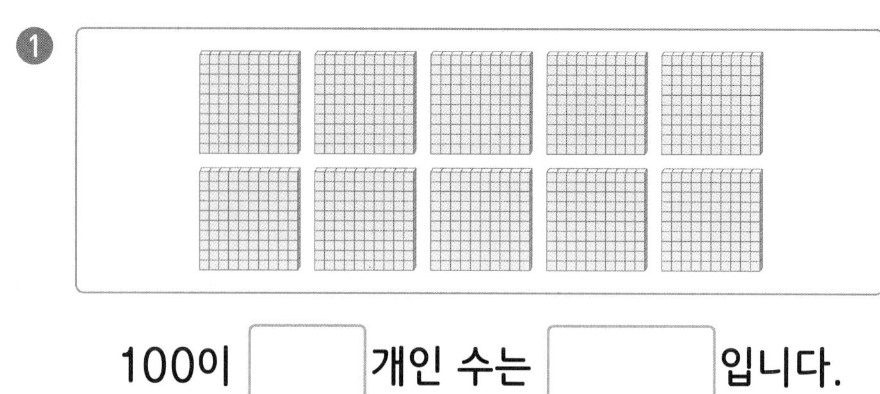

100이 □ 개인 수는 □ 입니다.

❷

990보다 □ 만큼 더 큰 수는 □ 입니다.

❸

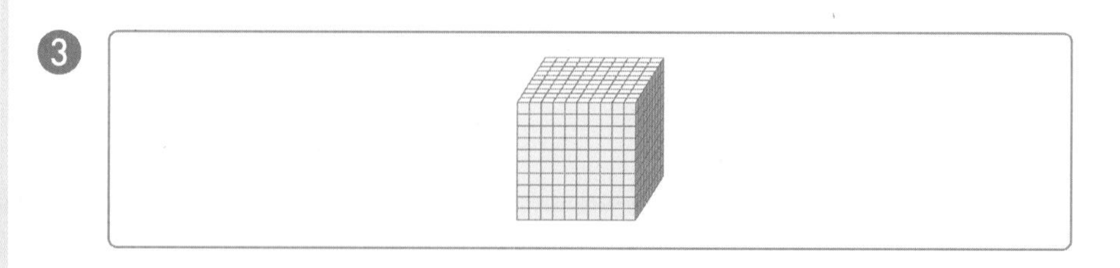

1000은 □ (이)라고 읽습니다.

4 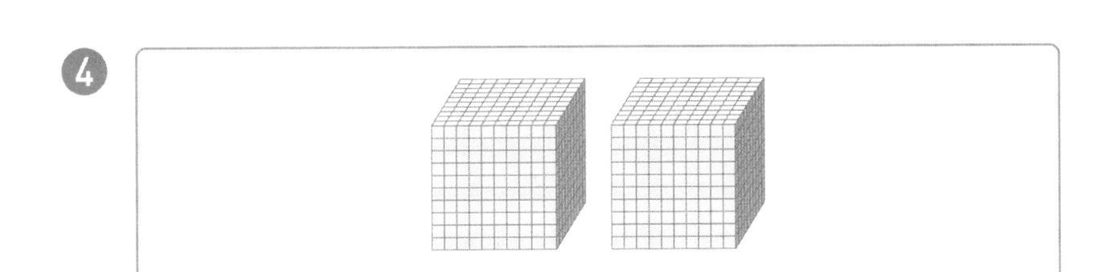

1000이 개인 수는
입니다.

5 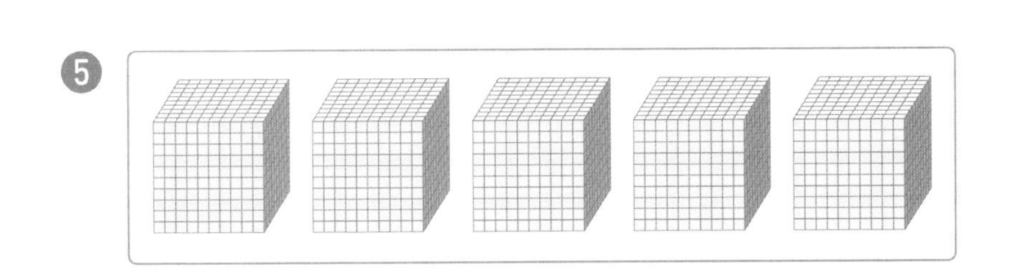

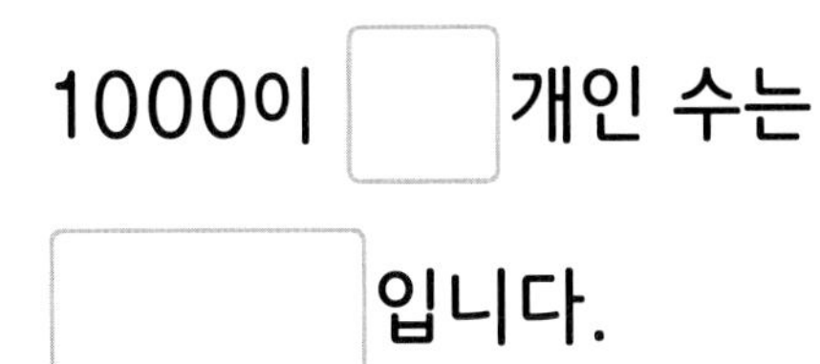
1000이 개인 수는
입니다.

6 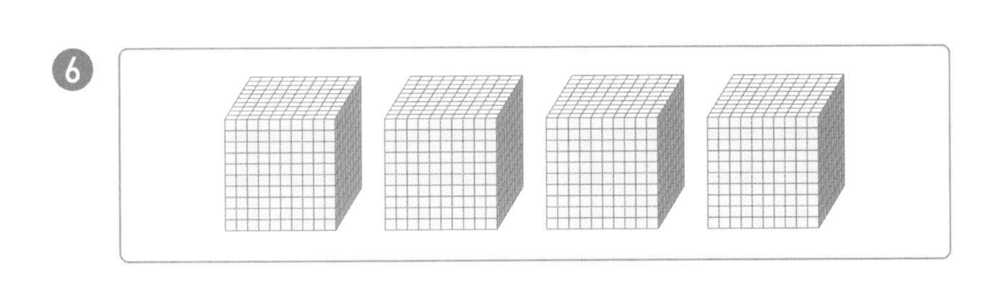

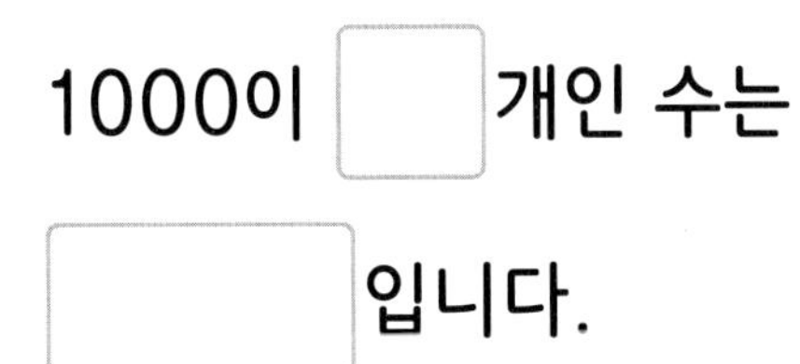
1000이 개인 수는
입니다.

7 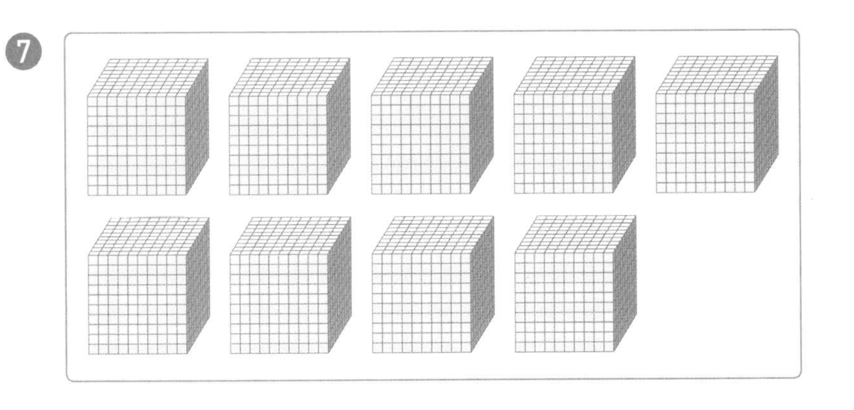

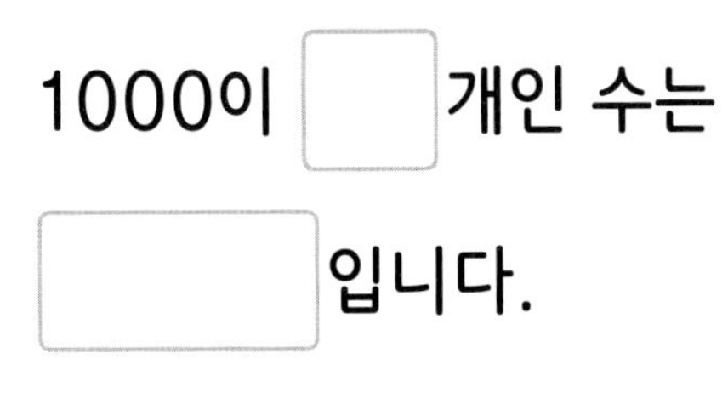
1000이 개인 수는
입니다.

8 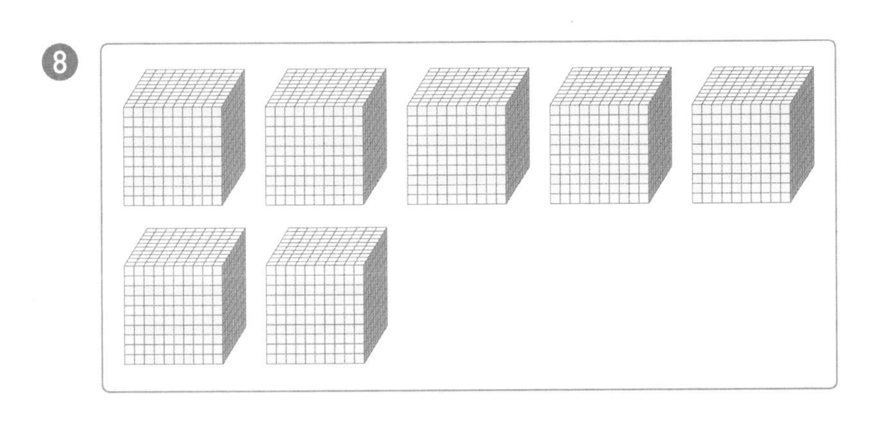

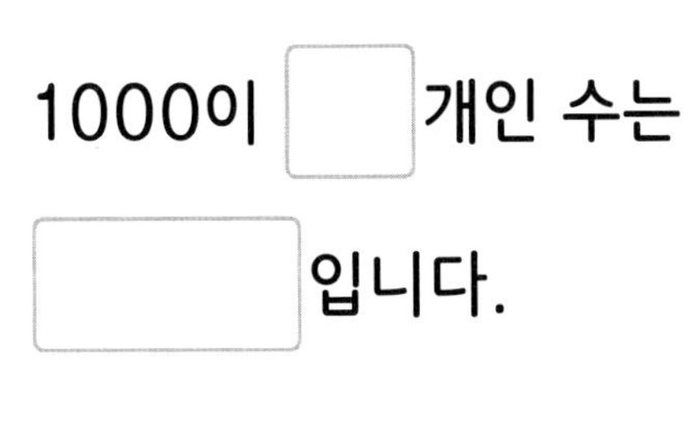
1000이 개인 수는
입니다.

## 1 천, 몇천

○ 빈칸에 알맞은 수나 말을 써넣으시오.

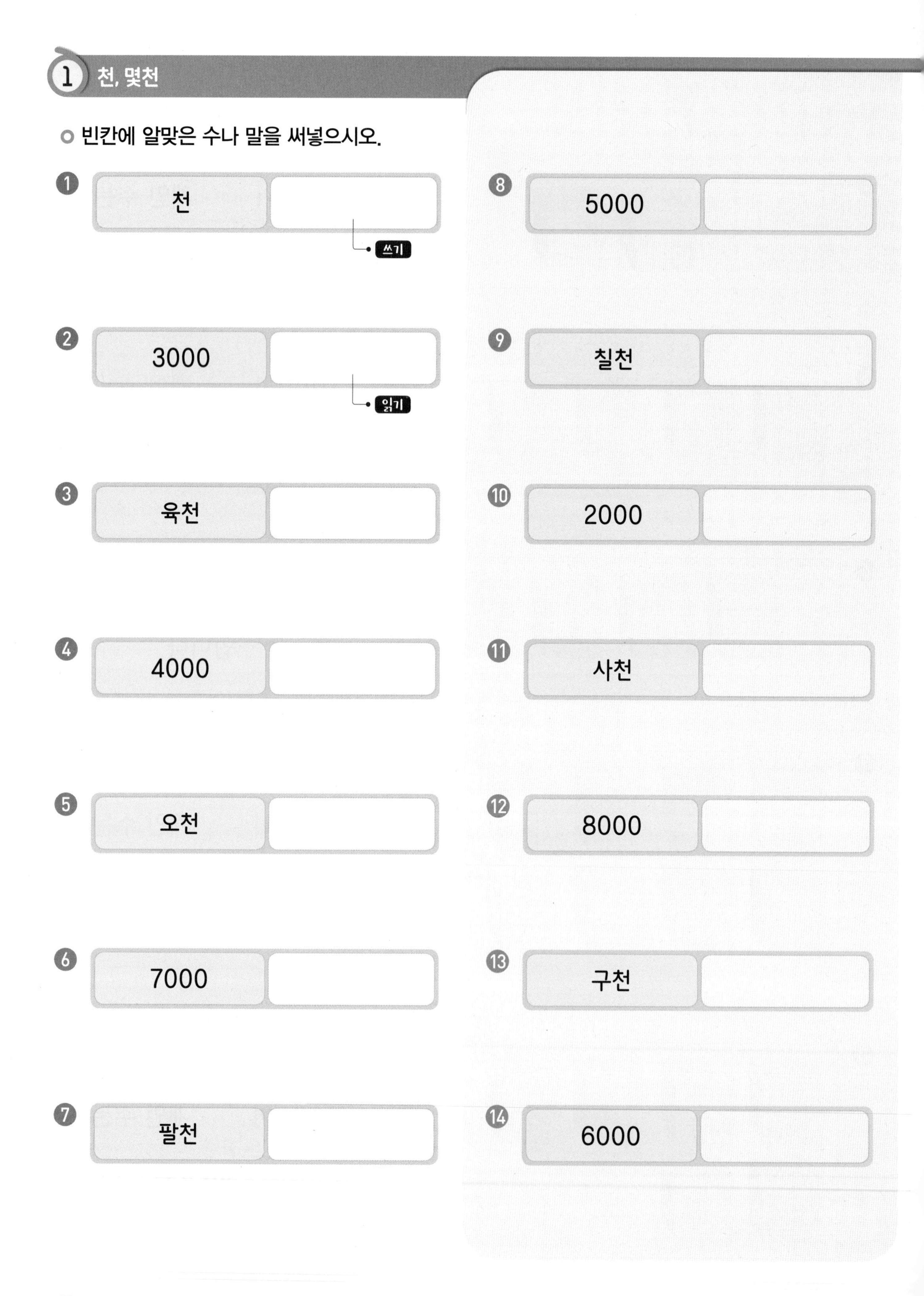

⑮
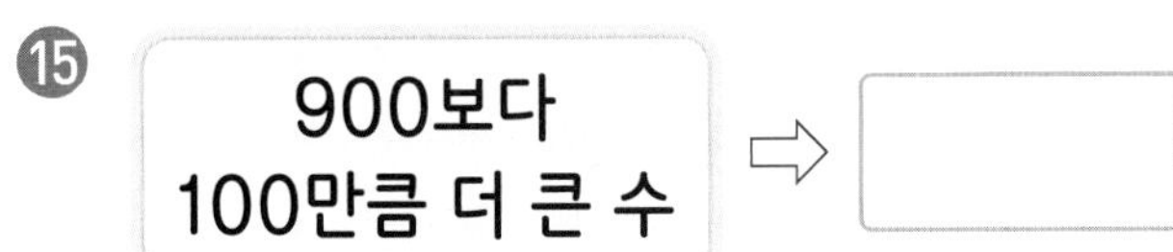


⑯
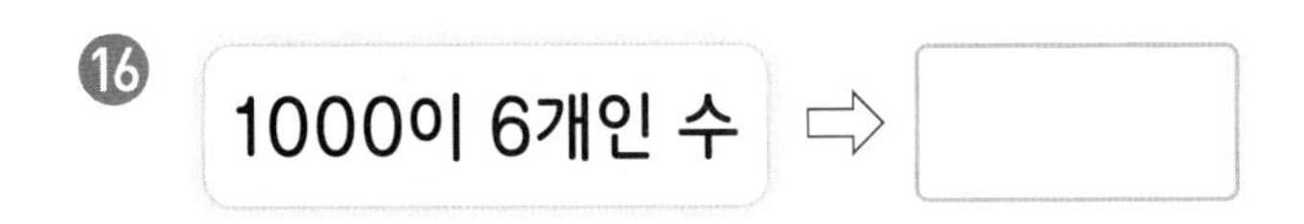


⑰

⑱
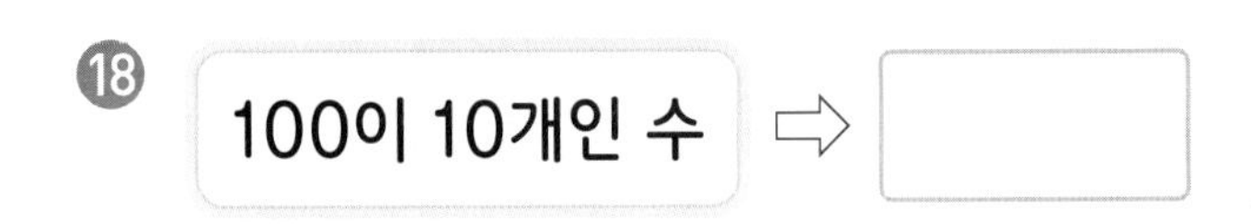


⑲

⑳ 700보다 300만큼 더 큰 수 ⇨ □

㉑
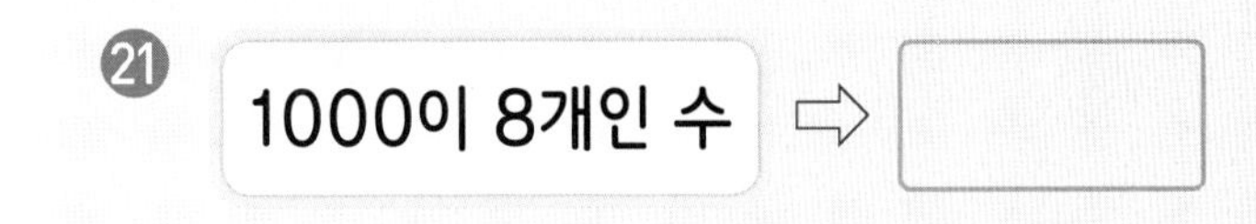


㉒
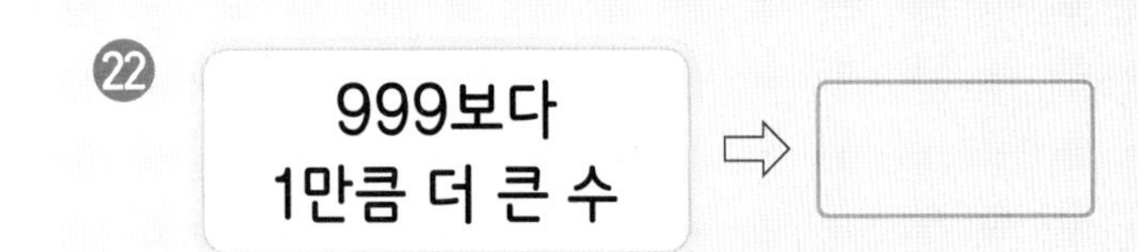


㉓
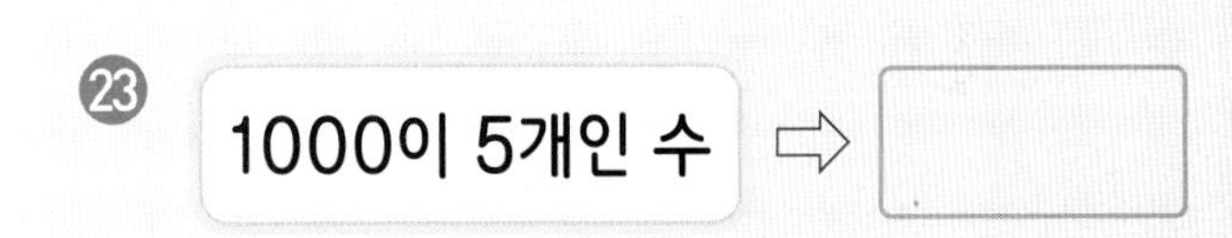


㉔

㉕
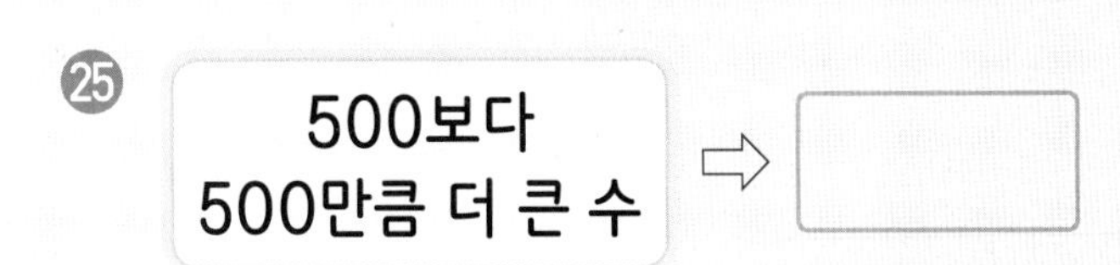


㉖

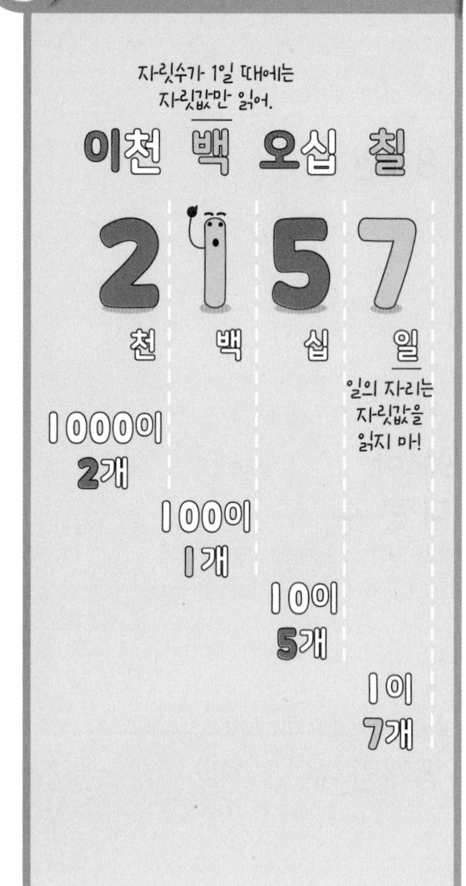


● 네 자리 수

| 천 모형 | |
|---|---|
| 백 모형 | |
| 십 모형 | |
| 일 모형 | |

⇨ 1000이 2개, 100이 1개, 10이 5개, 1이 7개인 수

쓰기 2157

읽기 이천백오십칠

○ 수 모형을 보고 빈 곳에 알맞은 수를 써넣으시오.

❶

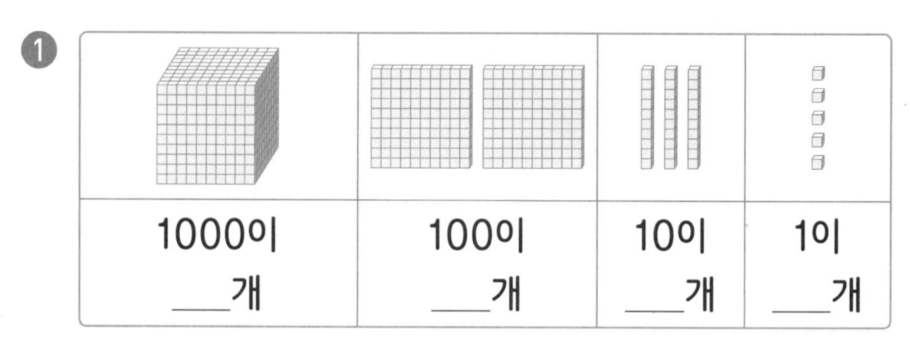

| 1000이 ___개 | 100이 ___개 | 10이 ___개 | 1이 ___개 |
|---|---|---|---|

⇨ 나타내는 수: ☐

❷

| 1000이 ___개 | 100이 ___개 | 10이 ___개 | 1이 ___개 |
|---|---|---|---|

⇨ 나타내는 수: ☐

❸

| 1000이 ___개 | 100이 ___개 | 10이 ___개 | 1이 ___개 |
|---|---|---|---|

⇨ 나타내는 수: ☐

정답 • 2쪽

○ 수 모형이 나타내는 수를 쓰고 읽어 보시오.

4

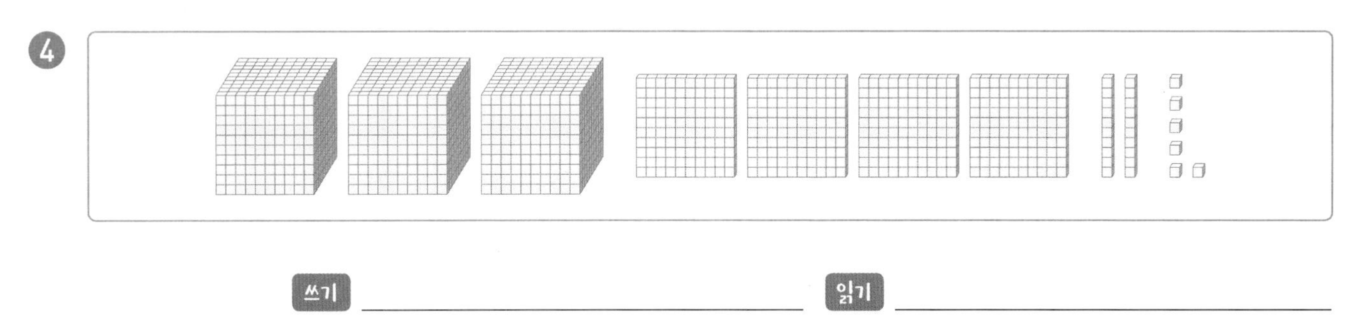

쓰기 ____________ 읽기 ____________

5

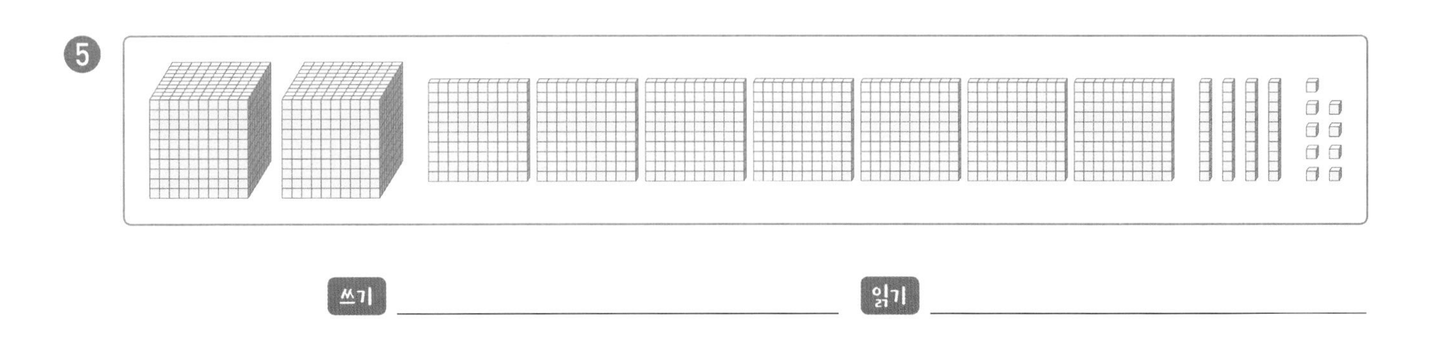

쓰기 ____________ 읽기 ____________

6

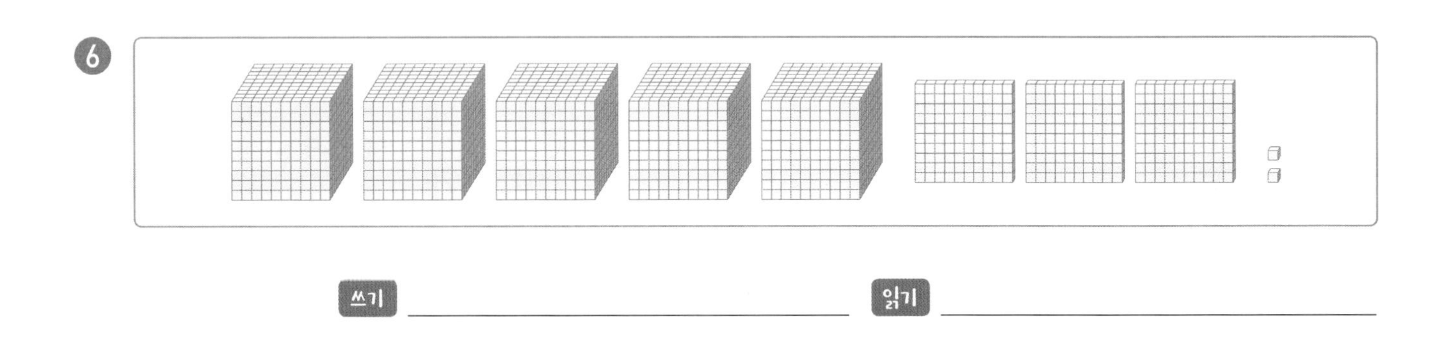

쓰기 ____________ 읽기 ____________

7

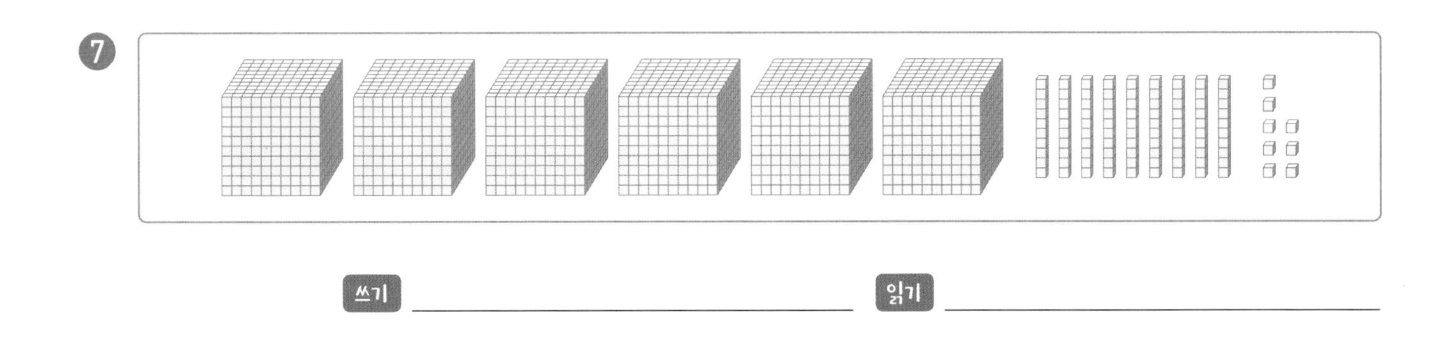

쓰기 ____________ 읽기 ____________

## 2 네 자리 수

○ □ 안에 알맞은 수를 써넣으시오.

❶

2354는
- 1000이 □ 개
- 100이 □ 개
- 10이 □ 개
- 1이 □ 개

❷

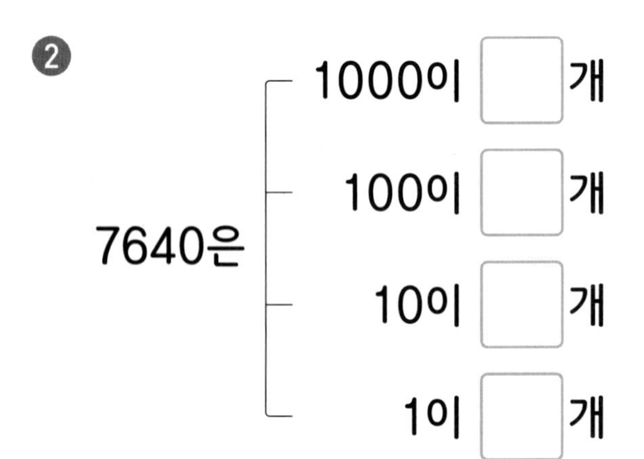


❸

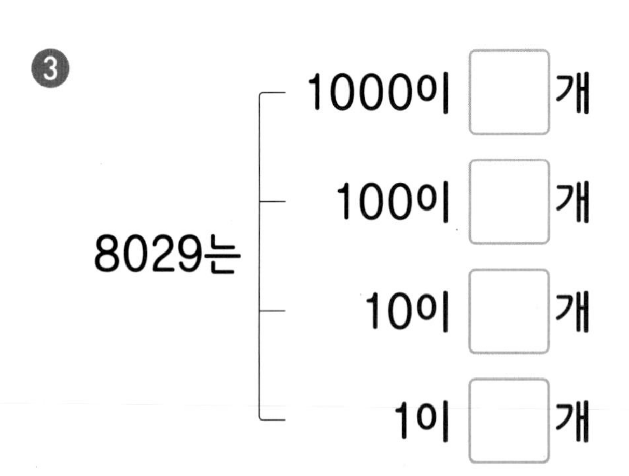


❹

❺

❻

❼

정답 • 2쪽

○ 빈칸에 알맞은 수나 말을 써넣으시오.

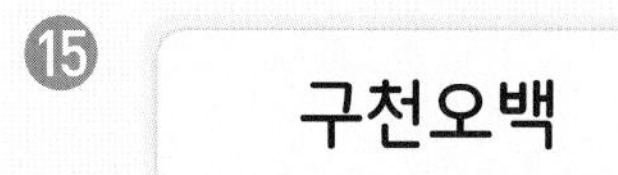

⑧ | 1542 | | 읽기

⑨ | 이천오백사십육 | | 쓰기

⑩ | 2319 | |

⑪ | 삼천구백오십일 | |

⑫ | 4600 | |

⑬ | 칠천사백십오 | |

⑭ | 5170 | |

⑮ | 구천오백 | |

⑯ | 6627 | |

⑰ | 육천사십육 | |

⑱ | 8705 | |

⑲ | 오천이십 | |

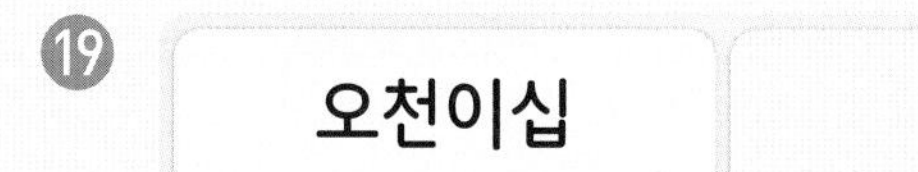

⑳ | 9003 | |

㉑ | 팔천팔 | |

# 3 네 자리 수의 자릿값

• 네 자리 수의 자릿값

| 천의 자리 | 백의 자리 | 십의 자리 | 일의 자리 |
|---|---|---|---|
| 4 | 7 | 6 | 9 |

⇩

| | | | |
|---|---|---|---|
| 4 | 0 | 0 | 0 |
| | 7 | 0 | 0 |
| | | 6 | 0 |
| | | | 9 |

4769에서
- 4는 천의 자리 숫자이고, 4000을 나타냅니다.
- 7은 백의 자리 숫자이고, 700을 나타냅니다.
- 6은 십의 자리 숫자이고, 60을 나타냅니다.
- 9는 일의 자리 숫자이고, 9를 나타냅니다.

$4769=4000+700+60+9$

○ 주어진 수를 보고 빈 곳에 알맞은 수를 써넣으시오.

❶ 3296

| 1000이 3개 | 100이 2개 | 10이 9개 | 1이 6개 |
|---|---|---|---|
| 3000 | | | |

3296＝□＋□＋□＋□

❷ 5842

| 1000이 5개 | 100이 8개 | 10이 4개 | 1이 2개 |
|---|---|---|---|
| | | | |

5842＝□＋□＋□＋□

❸ 7014

| 1000이 7개 | 100이 0개 | 10이 1개 | 1이 4개 |
|---|---|---|---|
| | | | |

7014＝□＋□＋□＋□

○ 주어진 수를 보고 빈칸에 알맞은 숫자를 써넣으시오.

❹ 1253

| 천의 자리 | 백의 자리 | 십의 자리 | 일의 자리 |
|---|---|---|---|
| 1 | | | |

❺ 4698

| 천의 자리 | 백의 자리 | 십의 자리 | 일의 자리 |
|---|---|---|---|
| | | | |

❻ 9300

| 천의 자리 | 백의 자리 | 십의 자리 | 일의 자리 |
|---|---|---|---|
| | | | |

❼ 6272

| 천의 자리 | 백의 자리 | 십의 자리 | 일의 자리 |
|---|---|---|---|
| | | | |

❽ 2805

| 천의 자리 | 백의 자리 | 십의 자리 | 일의 자리 |
|---|---|---|---|
| | | | |

## 3 네 자리 수의 자릿값

○ 주어진 수를 보고 빈칸에 각 자리 숫자와 그 숫자가 나타내는 값을 알맞게 써넣으시오.

❶ 3625

| | 천의 자리 | 백의 자리 | 십의 자리 | 일의 자리 |
|---|---|---|---|---|
| 자리 숫자 | | | | |
| 나타내는 값 | | | | |

❷ 6043

| | 천의 자리 | 백의 자리 | 십의 자리 | 일의 자리 |
|---|---|---|---|---|
| 자리 숫자 | | | | |
| 나타내는 값 | | | | |

❸ 2597

| | 천의 자리 | 백의 자리 | 십의 자리 | 일의 자리 |
|---|---|---|---|---|
| 자리 숫자 | | | | |
| 나타내는 값 | | | | |

❹ 8160

| | 천의 자리 | 백의 자리 | 십의 자리 | 일의 자리 |
|---|---|---|---|---|
| 자리 숫자 | | | | |
| 나타내는 값 | | | | |

○ 빈칸에 밑줄 친 숫자가 나타내는 값을 써넣으시오.

⑤ $23\underline{4}8$ | ( )

⑥ $3\underline{2}79$ | ( )

⑦ $675\underline{6}$ | ( )

⑧ $\underline{2}120$ | ( )

⑨ $4\underline{7}07$ | ( )

⑩ $89\underline{5}2$ | ( )

⑪ $\underline{9}241$ | ( )

⑫ $965\underline{8}$ | ( )

⑬ $7\underline{5}00$ | ( )

⑭ $\underline{3}029$ | ( )

⑮ $934\underline{9}$ | ( )

⑯ $3\underline{8}06$ | ( )

⑰ $\underline{6}078$ | ( )

⑱ $87\underline{6}5$ | ( )

## 4 뛰어 세기

1씩 뛰어 세면 일의 자리 수만 1씩 커져!

5236 → +1 → 5237 → +1 → 5238 → +1 → 5239

● 뛰어 세기

• 1000씩 뛰어 세기
2000−3000−4000−5000
⇨ 천의 자리 수만 1씩 커집니다.

• 100씩 뛰어 세기
4100−4200−4300−4400
⇨ 백의 자리 수만 1씩 커집니다.

• 10씩 뛰어 세기
3520−3530−3540−3550
⇨ 십의 자리 수만 1씩 커집니다.

• 1씩 뛰어 세기
5236−5237−5238−5239
⇨ 일의 자리 수만 1씩 커집니다.

○ 1000씩 뛰어 세어 보시오.

❶ 1200 − 2200 − 3200 − □ − □

❷ 3480 − 4480 − □ − □ − □

❸ 5719 − □ − 7719 − □ − □

○ 100씩 뛰어 세어 보시오.

❹ 2300 − 2400 − 2500 − □ − □

❺ 5118 − 5218 − □ − □ − □

❻ 8742 − □ − □ − 9042 − □

정답 • 3쪽

○ 10씩 뛰어 세어 보시오.

| 번호 | | | | | | |
|---|---|---|---|---|---|---|
| 7 | 1120 | 1130 | 1140 | | | |

| 번호 | | | | | | |
|---|---|---|---|---|---|---|
| 8 | 9047 | 9057 | | 9077 | | |
| 9 | 6374 | | 6394 | | | |

○ 1씩 뛰어 세어 보시오.

| 번호 | | | | | | |
|---|---|---|---|---|---|---|
| 10 | 4253 | 4254 | 4255 | | | |
| 11 | 7630 | 7631 | | | | 7635 |
| 12 | 9028 | | | 9031 | | |

## 4 뛰어 세기

○ 몇씩 뛰어 세었는지 □ 안에 알맞은 수를 써넣으시오.

❶ 4700 — 5700 — 6700 — 7700

⇨ □ 씩 뛰어 세었습니다.

❷ 5213 — 5214 — 5215 — 5216

⇨ □ 씩 뛰어 세었습니다.

❸ 2426 — 2436 — 2446 — 2456

⇨ □ 씩 뛰어 세었습니다.

❹ 6578 — 6678 — 6778 — 6878

⇨ □ 씩 뛰어 세었습니다.

❺ 1159 — 2159 — 3159 — 4159

⇨ □ 씩 뛰어 세었습니다.

❻ 9996 — 9997 — 9998 — 9999

⇨ □ 씩 뛰어 세었습니다.

❼ 7709 — 7809 — 7909 — 8009

⇨ □ 씩 뛰어 세었습니다.

❽ 3990 — 4000 — 4010 — 4020

⇨ □ 씩 뛰어 세었습니다.

❾ 1892 — 1992 — 2092 — 2192

⇨ □ 씩 뛰어 세었습니다.

❿ 8015 — 8020 — 8025 — 8030

⇨ □ 씩 뛰어 세었습니다.

○ 뛰어 세는 규칙을 찾아 빈칸에 알맞은 수를 써넣으시오.

⑪ 2315 — 3315 — ☐ — ☐ — 6315 — ☐

⑫

⑬

⑭

⑮

⑯ ☐ — 9959 — 9969 — ☐ — 9989 — ☐

⑰ 6220 — 6225 — ☐ — ☐ — 6240 — ☐

# 5 네 자리 수의 크기 비교

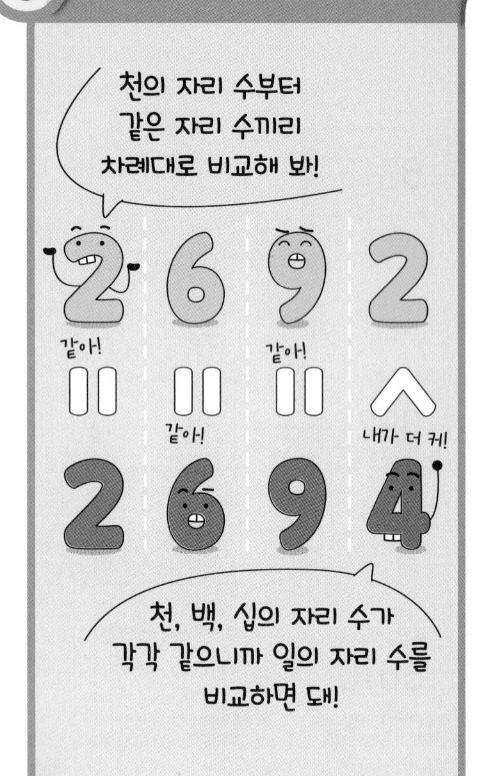


● 네 자리 수의 크기 비교

① 천의 자리 수부터 비교합니다.

② 천의 자리 수가 같으면 백의 자리 수를 비교합니다.

③ 천, 백의 자리 수가 각각 같으면 십의 자리 수를 비교합니다.

④ 천, 백, 십의 자리 수가 각각 같으면 일의 자리 수를 비교합니다.

예 2692와 2694의 크기 비교

| | 천의 자리 | 백의 자리 | 십의 자리 | 일의 자리 |
|---|---|---|---|---|
| 2692 ⇨ | 2 | 6 | 9 | 2 |
| 2694 ⇨ | 2 | 6 | 9 | 4 |

2<4

2692 (<) 2694

○ 빈칸에 알맞은 숫자를 써넣고, 두 수의 크기를 비교하여 ◯ 안에 > 또는 <를 알맞게 써넣으시오.

❶

| | 천의 자리 | 백의 자리 | 십의 자리 | 일의 자리 |
|---|---|---|---|---|
| 6245 ⇨ | | | | |
| 5819 ⇨ | | | | |

6245 ◯ 5819

❷

| | 천의 자리 | 백의 자리 | 십의 자리 | 일의 자리 |
|---|---|---|---|---|
| 1749 ⇨ | | | | |
| 1752 ⇨ | | | | |

1749 ◯ 1752

❸

| | 천의 자리 | 백의 자리 | 십의 자리 | 일의 자리 |
|---|---|---|---|---|
| 5038 ⇨ | | | | |
| 5136 ⇨ | | | | |

5038 ◯ 5136

정답 • 4쪽

○ 두 수의 크기를 비교하여 ◯ 안에 > 또는 <를 알맞게 써넣으시오.

❹ 6000 ◯ 9000

❺ 2983 ◯ 2092

❻ 4653 ◯ 4636

❼ 5866 ◯ 5869

❽ 3620 ◯ 4029

❾ 7863 ◯ 7919

❿ 6320 ◯ 6299

⓫ 7400 ◯ 5800

⓬ 9122 ◯ 9140

⓭ 9706 ◯ 9800

⓮ 8258 ◯ 8255

⓯ 3078 ◯ 3069

⓰ 9254 ◯ 8978

⓱ 4006 ◯ 4020

⓲ 6807 ◯ 6806

⓳ 1867 ◯ 1895

⓴ 4813 ◯ 3969

㉑ 7508 ◯ 7600

㉒ 2765 ◯ 2769

㉓ 7806 ◯ 7088

㉔ 9485 ◯ 9487

## 5 네 자리 수의 크기 비교

○ 빈칸에 알맞은 숫자를 써넣고, 가장 큰 수와 가장 작은 수를 각각 찾아 써 보시오.

❶

| | 천의 자리 | 백의 자리 | 십의 자리 | 일의 자리 |
|---|---|---|---|---|
| 5428 ⇨ | | | | |
| 4216 ⇨ | | | | |
| 6632 ⇨ | | | | |

가장 큰 수 ( ), 가장 작은 수 ( )

❷

| | 천의 자리 | 백의 자리 | 십의 자리 | 일의 자리 |
|---|---|---|---|---|
| 7509 ⇨ | | | | |
| 8213 ⇨ | | | | |
| 8187 ⇨ | | | | |

가장 큰 수 ( ), 가장 작은 수 ( )

❸

| | 천의 자리 | 백의 자리 | 십의 자리 | 일의 자리 |
|---|---|---|---|---|
| 3549 ⇨ | | | | |
| 3548 ⇨ | | | | |
| 3572 ⇨ | | | | |

가장 큰 수 ( ), 가장 작은 수 ( )

정답 • 4쪽

○ 가장 큰 수에 ◯표, 가장 작은 수에 △표 하시오.

④ 3000 2000 5000

⑤ 7905 7908 7900

⑥ 4620 5220 6600

⑦ 3224 4219 3621

⑧ 2242 8000 8216

⑨ 4336 4328 4417

⑩ 6578 6547 7214

⑪ 4216 5043 2999

⑫ 2268 2269 3014

⑬ 5860 3352 5798

⑭ 9753 9823 9832

⑮ 7910 7853 6273

⑯ 2022 1983 2018

⑰ 8546 8549 8553

# 평가 1. 네 자리 수

○ □ 안에 알맞은 수를 써넣으시오.

1

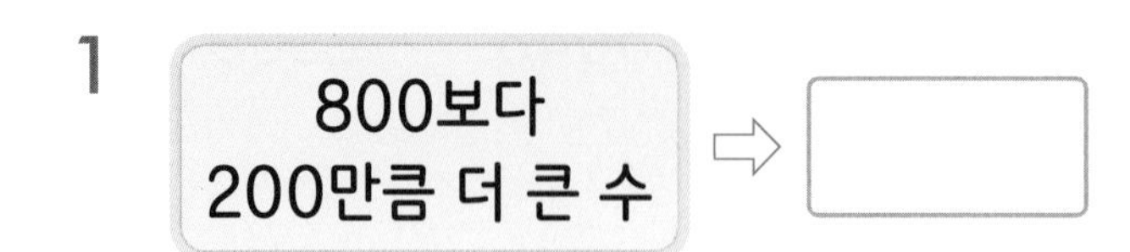


2

○ 빈칸에 알맞은 수나 말을 써넣으시오.

3

4

5

6

○ □ 안에 알맞은 수를 써넣으시오.

7

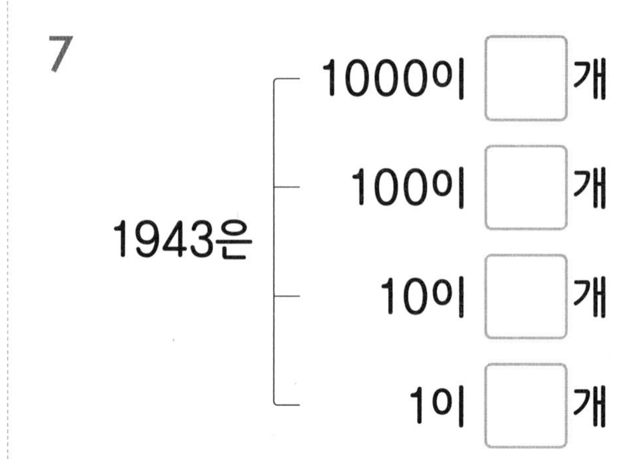


8

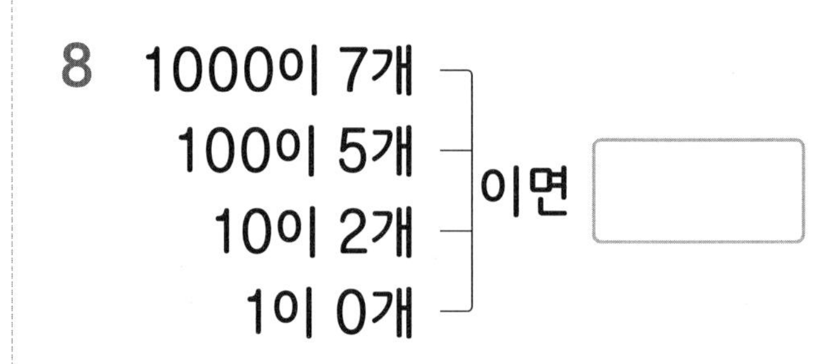


○ 주어진 수를 보고 빈칸에 알맞은 숫자를 써넣으시오.

9

5189

| 천의 자리 | 백의 자리 | 십의 자리 | 일의 자리 |
|---|---|---|---|
| | | | |

10

8046

| 천의 자리 | 백의 자리 | 십의 자리 | 일의 자리 |
|---|---|---|---|
| | | | |

○ 빈칸에 밑줄 친 숫자가 나타내는 값을 써넣으시오.

11 4209 (밑줄: 2) | (빈칸)

12 7758 (밑줄: 5) | (빈칸)

○ 뛰어 세는 규칙을 찾아 빈칸에 알맞은 수를 써넣으시오.

13 2475 — 3475 — (빈칸) — 5475 — (빈칸) — (빈칸)

14 8563 — (빈칸) — 8583 — 8593 — (빈칸) — (빈칸)

15 3428 — 3528 — (빈칸) — (빈칸) — 3828 — (빈칸)

○ 두 수의 크기를 비교하여 ◯ 안에 > 또는 <를 알맞게 써넣으시오.

16 6135 ◯ 5736

17 8042 ◯ 8214

18 9148 ◯ 9149

○ 가장 큰 수에 ◯표, 가장 작은 수에 △표 하시오.

19 1727 1804 1729

20 4591 3526 4551

1단원의 연산 실력을 보충하고 싶다면 **클리닉 북 1~5쪽**을 풀어 보세요.

# 곱셈구구

## 학습하는 데 걸린 시간을 작성해 봐요!

| 학습 내용 | | 학습 회차 | 걸린 시간 |
|---|---|---|---|
| 1 2단 곱셈구구 | | 1일 차 | /5분 |
| | | 2일 차 | /6분 |
| 2 5단 곱셈구구 | | 3일 차 | /5분 |
| | | 4일 차 | /6분 |
| 3 3단 곱셈구구 | | 5일 차 | /5분 |
| | | 6일 차 | /6분 |
| 4 6단 곱셈구구 | | 7일 차 | /5분 |
| | | 8일 차 | /6분 |
| 1 ~ 4 다르게 풀기 | | 9일 차 | /7분 |
| 5 4단 곱셈구구 | | 10일 차 | /5분 |
| | | 11일 차 | /6분 |
| 6 8단 곱셈구구 | | 12일 차 | /5분 |
| | | 13일 차 | /6분 |
| 7 7단 곱셈구구 | | 14일 차 | /5분 |
| | | 15일 차 | /6분 |
| 8 9단 곱셈구구 | | 16일 차 | /5분 |
| | | 17일 차 | /6분 |
| 9 1단 곱셈구구 / 0의 곱 | | 18일 차 | /5분 |
| | | 19일 차 | /6분 |
| 10 곱셈표 만들기 | | 20일 차 | /7분 |
| | | 21일 차 | /12분 |
| 5 ~ 9 다르게 풀기 | | 22일 차 | /2분 |
| 비법 강의 | 외우면 빨라지는 계산 비법 | 23일 차 | /4분 |
| 평가 | 2. 곱셈구구 | 24일 차 | /12분 |

# 1 2단 곱셈구구

\2단!/

2×1=2
+2
2×2=4
+2
2×3=6
2×4=8
2×5=10
2×6=12
2×7=14
2×8=16
곱이 2씩 커져!
2×9=18

• **2단 곱셈구구**

2단 곱셈구구에서는 곱하는 수가 1씩 커지면 그 곱은 2씩 커집니다.

$$2\times1=2$$
+2
$$2\times2=4$$
+2
$$2\times3=6$$
+2
$$2\times4=8$$
+2
$$2\times5=10$$
+2
$$2\times6=12$$
+2
$$2\times7=14$$
+2
$$2\times8=16$$
+2
$$2\times9=18$$

○ 풍선은 모두 몇 개인지 2단 곱셈구구를 이용하여 구해 보시오.

❶

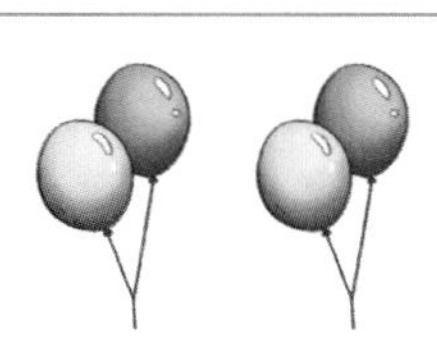

$2\times2=$ □

❷

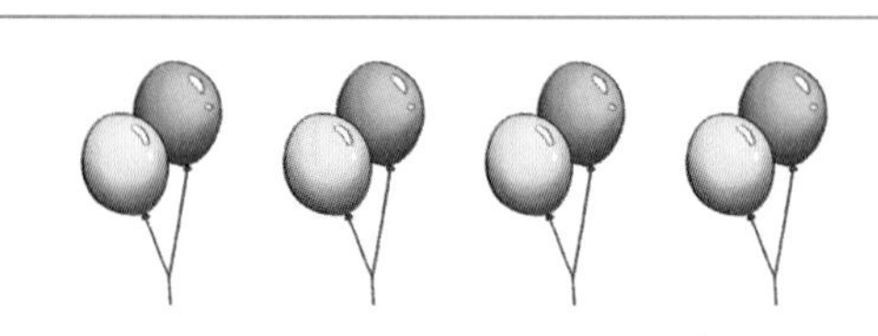

$2\times4=$ □

❸

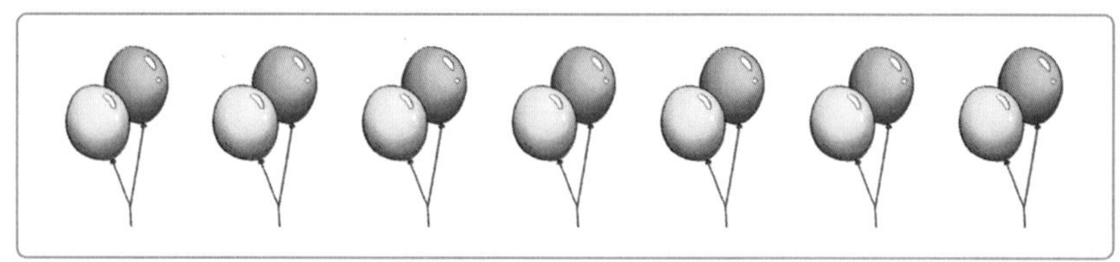

$2\times7=$ □

❹

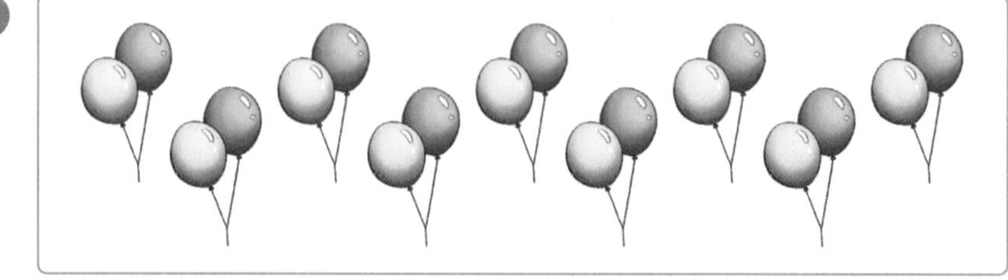

$2\times9=$ □

정답 • 5쪽

○ 빈 곳에 알맞은 수를 써넣으시오.

**5**

$2 \times 1 = \_\_\_$
$2 \times 2 = \_\_\_$
$2 \times 3 = \_\_\_$
$2 \times 4 = \_\_\_$
$2 \times 5 = \_\_\_$
$2 \times 6 = \_\_\_$
$2 \times 7 = \_\_\_$
$2 \times 8 = \_\_\_$
$2 \times 9 = \_\_\_$

**6**

$2 \times 1 = 2$
$2 \times 2 = 4$
$2 \times 3 = \_\_\_$
$2 \times 4 = \_\_\_$
$2 \times 5 = 10$
$2 \times 6 = \_\_\_$
$2 \times 7 = \_\_\_$
$2 \times 8 = 16$
$2 \times 9 = \_\_\_$

**7**

$2 \times 1 = 2$
$2 \times 2 = \_\_\_$
$2 \times 3 = 6$
$2 \times 4 = \_\_\_$
$2 \times 5 = 10$
$2 \times 6 = \_\_\_$
$2 \times 7 = \_\_\_$
$2 \times 8 = \_\_\_$
$2 \times 9 = 18$

**8**

$2 \times 1 = \_\_\_$
$2 \times 2 = 4$
$2 \times 3 = \_\_\_$
$2 \times 4 = 8$
$2 \times 5 = \_\_\_$
$2 \times 6 = 12$
$2 \times 7 = 14$
$2 \times 8 = \_\_\_$
$2 \times 9 = \_\_\_$

## 1 2단 곱셈구구

○ 수직선을 보고 □ 안에 알맞은 수를 써넣으시오.

❶ 0 2 4 6 8 10 12 14 16 18 20

2 × □ = □

❷ 0 2 4 6 8 10 12 14 16 18 20

2 × □ = □

❸ 0 2 4 6 8 10 12 14 16 18 20

2 × □ = □

❹ 0 2 4 6 8 10 12 14 16 18 20

2 × □ = □

❺ 0 2 4 6 8 10 12 14 16 18 20

2 × □ = □

○ ☐ 안에 알맞은 수를 써넣으시오.

❻ $2 \times 1 =$ ☐

❼ $2 \times 2 =$ ☐

❽ $2 \times 3 =$ ☐

❾ $2 \times 4 =$ ☐

❿ $2 \times 5 =$ ☐

⓫ $2 \times 6 =$ ☐

⓬ $2 \times 7 =$ ☐

⓭ $2 \times 8 =$ ☐

⓮ $2 \times 9 =$ ☐

⓯ $2 \times 2 =$ ☐

⓰ $2 \times 4 =$ ☐

⓱ $2 \times 6 =$ ☐

⓲ $2 \times 8 =$ ☐

⓳ $2 \times 9 =$ ☐

⓴ $2 \times 1 =$ ☐

㉑ $2 \times 3 =$ ☐

㉒ $2 \times 5 =$ ☐

㉓ $2 \times 7 =$ ☐

㉔ $2 \times 9 =$ ☐

㉕ $2 \times 2 =$ ☐

㉖ $2 \times 8 =$ ☐

## 2 5단 곱셈구구

+5

5×2=10

+5

5×3=15

5×4=20

5×5=25

5×6=30

5×7=35

5×8=40

**• 5단 곱셈구구**

5단 곱셈구구에서는 곱하는 수가 1씩 커지면 그 곱은 5씩 커집니다.

$5\times1=5$
$5\times2=10$ (+5)
$5\times3=15$ (+5)
$5\times4=20$ (+5)
$5\times5=25$ (+5)
$5\times6=30$ (+5)
$5\times7=35$ (+5)
$5\times8=40$ (+5)
$5\times9=45$ (+5)

○ 꽃은 모두 몇 송이인지 5단 곱셈구구를 이용하여 구해 보시오.

❶

$5\times3=$ □

❷

$5\times5=$ □

❸

$5\times6=$ □

❹

$5\times8=$ □

◦ 빈 곳에 알맞은 수를 써넣으시오.

❺
$5 \times 1 =$ ___
$5 \times 2 =$ ___
$5 \times 3 =$ ___
$5 \times 4 =$ ___
$5 \times 5 =$ ___
$5 \times 6 =$ ___
$5 \times 7 =$ ___
$5 \times 8 =$ ___
$5 \times 9 =$ ___

❻
$5 \times 1 = 5$
$5 \times 2 =$ ___
$5 \times 3 =$ ___
$5 \times 4 =$ ___
$5 \times 5 = 25$
$5 \times 6 =$ ___
$5 \times 7 = 35$
$5 \times 8 =$ ___
$5 \times 9 = 45$

❼
$5 \times 1 =$ ___
$5 \times 2 = 10$
$5 \times 3 =$ ___
$5 \times 4 = 20$
$5 \times 5 = 25$
$5 \times 6 =$ ___
$5 \times 7 = 35$
$5 \times 8 =$ ___
$5 \times 9 =$ ___

❽
$5 \times 1 =$ ___
$5 \times 2 =$ ___
$5 \times 3 = 15$
$5 \times 4 = 20$
$5 \times 5 =$ ___
$5 \times 6 = 30$
$5 \times 7 =$ ___
$5 \times 8 = 40$
$5 \times 9 =$ ___

## 2 5단 곱셈구구

○ 수직선을 보고 □ 안에 알맞은 수를 써넣으시오.

❶

0 5 10 15 20 25 30 35 40 45 50

$5 \times \square = \square$

❷

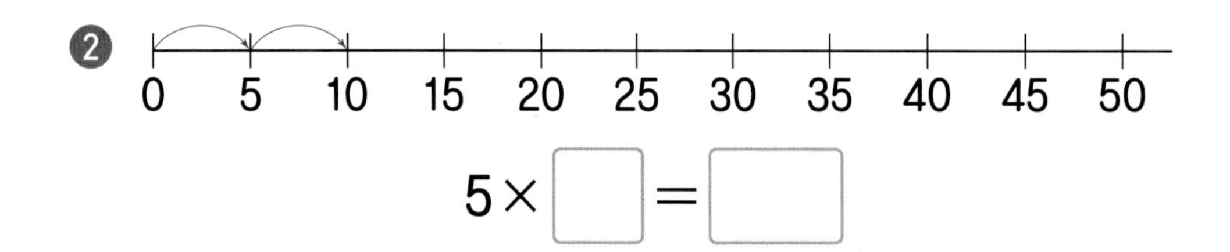


$5 \times \square = \square$

❸

0 5 10 15 20 25 30 35 40 45 50

$5 \times \square = \square$

❹

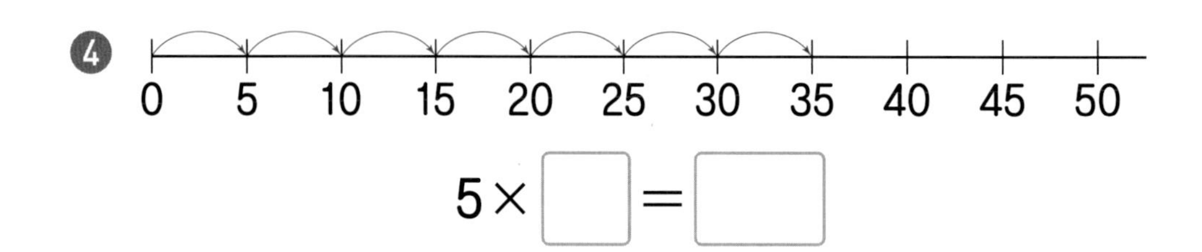


$5 \times \square = \square$

❺

0 5 10 15 20 25 30 35 40 45 50

$5 \times \square = \square$

○ □ 안에 알맞은 수를 써넣으시오.

❻ $5 \times 1 = \square$

❼ $5 \times 2 = \square$

❽ $5 \times 3 = \square$

❾ $5 \times 4 = \square$

❿ $5 \times 5 = \square$

⓫ $5 \times 6 = \square$

⓬ $5 \times 7 = \square$

⓭ $5 \times 8 = \square$

⓮ $5 \times 9 = \square$

⓯ $5 \times 2 = \square$

⓰ $5 \times 4 = \square$

⓱ $5 \times 6 = \square$

⓲ $5 \times 8 = \square$

⓳ $5 \times 9 = \square$

⓴ $5 \times 1 = \square$

㉑ $5 \times 3 = \square$

㉒ $5 \times 5 = \square$

㉓ $5 \times 7 = \square$

㉔ $5 \times 9 = \square$

㉕ $5 \times 4 = \square$

㉖ $5 \times 8 = \square$

# 3 3단 곱셈구구

3단!

3×1=3
3×2=6
3×3=9
3×4=12
3×5=15
3×6=18
3×7=21
3×8=24
3×9=27

+3
+3

곱이 3씩 커져!

• **3단 곱셈구구**

3단 곱셈구구에서는 곱하는 수가 1씩 커지면 그 곱은 3씩 커집니다.

$3\times1=3$
$3\times2=6$
$3\times3=9$
$3\times4=12$
$3\times5=15$
$3\times6=18$
$3\times7=21$
$3\times8=24$
$3\times9=27$

+3 +3 +3 +3 +3 +3 +3 +3

◦ 바나나는 모두 몇 개인지 3단 곱셈구구를 이용하여 구해 보시오.

❶

$3\times3=$ □

❷

$3\times4=$ □

❸

$3\times7=$ □

❹

$3\times8=$ □

○ 빈 곳에 알맞은 수를 써넣으시오.

5

$3 \times 1 =$ ___
$3 \times 2 =$ ___
$3 \times 3 =$ ___
$3 \times 4 =$ ___
$3 \times 5 =$ ___
$3 \times 6 =$ ___
$3 \times 7 =$ ___
$3 \times 8 =$ ___
$3 \times 9 =$ ___

6

$3 \times 1 =$ ___
$3 \times 2 = 6$
$3 \times 3 =$ ___
$3 \times 4 = 12$
$3 \times 5 =$ ___
$3 \times 6 = 18$
$3 \times 7 =$ ___
$3 \times 8 = 24$
$3 \times 9 =$ ___

7

$3 \times 1 = 3$
$3 \times 2 =$ ___
$3 \times 3 =$ ___
$3 \times 4 = 12$
$3 \times 5 =$ ___
$3 \times 6 =$ ___
$3 \times 7 = 21$
$3 \times 8 =$ ___
$3 \times 9 = 27$

8

$3 \times 1 = 3$
$3 \times 2 =$ ___
$3 \times 3 = 9$
$3 \times 4 =$ ___
$3 \times 5 = 15$
$3 \times 6 =$ ___
$3 \times 7 = 21$
$3 \times 8 =$ ___
$3 \times 9 =$ ___

## 3 3단 곱셈구구

○ 수직선을 보고 □ 안에 알맞은 수를 써넣으시오.

1
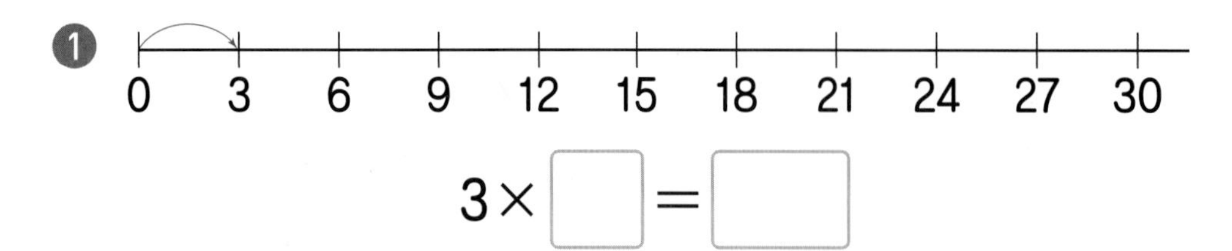


2
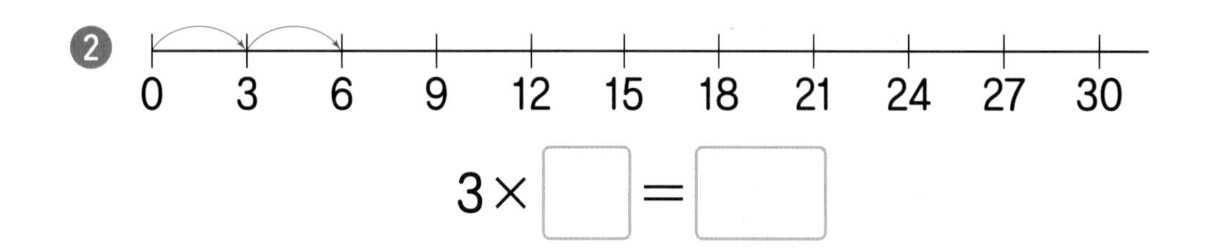


3
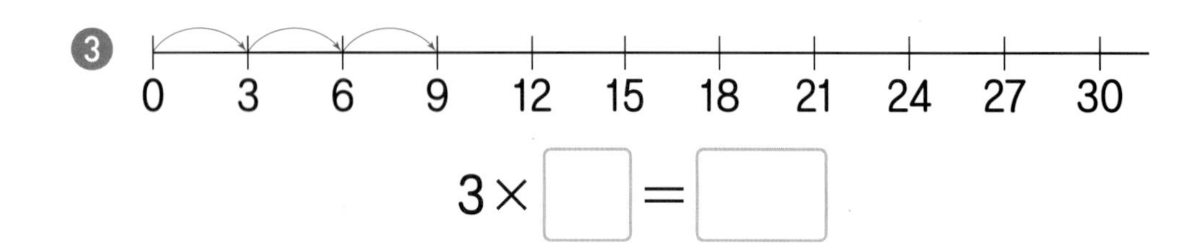


4
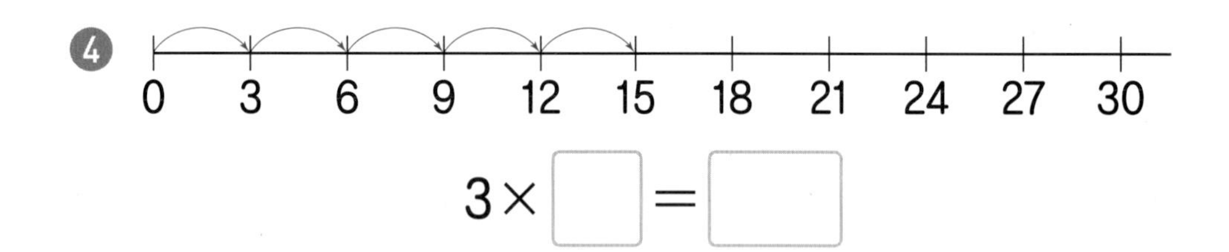


5
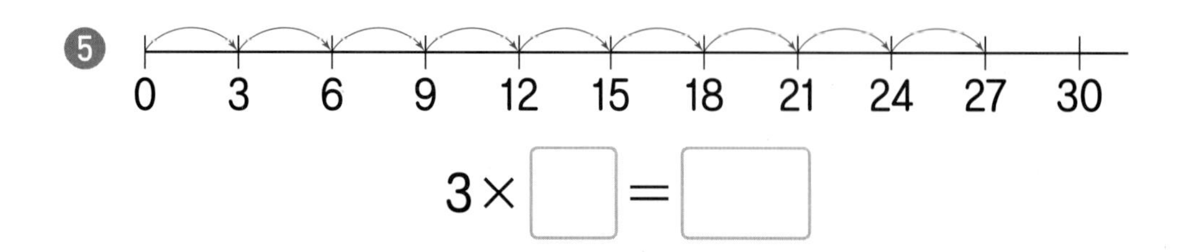

○ □ 안에 알맞은 수를 써넣으시오.

❻ $3\times1=$ □

❼ $3\times2=$ □

❽ $3\times3=$ □

❾ $3\times4=$ □

❿ $3\times5=$ □

⓫ $3\times6=$ □

⓬ $3\times7=$ □

⓭ $3\times8=$ □

⓮ $3\times9=$ □

⓯ $3\times1=$ □

⓰ $3\times3=$ □

⓱ $3\times5=$ □

⓲ $3\times7=$ □

⓳ $3\times9=$ □

⓴ $3\times2=$ □

㉑ $3\times4=$ □

㉒ $3\times6=$ □

㉓ $3\times8=$ □

㉔ $3\times9=$ □

㉕ $3\times3=$ □

㉖ $3\times7=$ □

# 4 6단 곱셈구구

\6단!/

6×1=6 (+6)
6×2=12 (+6)
6×3=18
6×4=24
6×5=30
6×6=36
6×7=42
6×8=48
6×9=54

곱이 6씩 커져!

• **6단 곱셈구구**

6단 곱셈구구에서는 곱하는 수가 1씩 커지면 그 곱은 6씩 커집니다.

$6\times1=6$ ) $+6$
$6\times2=12$ ) $+6$
$6\times3=18$ ) $+6$
$6\times4=24$ ) $+6$
$6\times5=30$ ) $+6$
$6\times6=36$ ) $+6$
$6\times7=42$ ) $+6$
$6\times8=48$ ) $+6$
$6\times9=54$

○ **피자는 모두 몇 조각인지 6단 곱셈구구를 이용하여 구해 보시오.**

❶

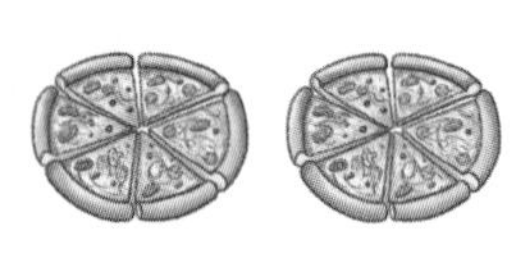

$6\times2=$ □

❷

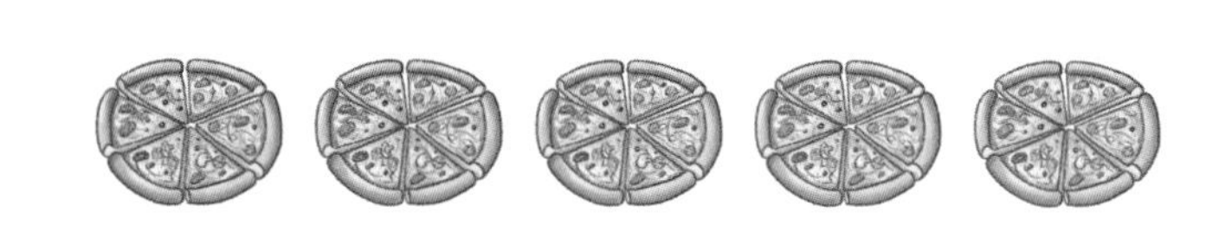

$6\times5=$ □

❸

$6\times6=$ □

❹

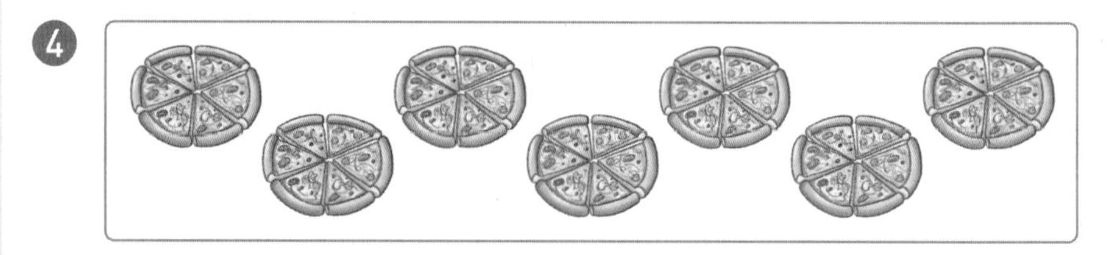

$6\times7=$ □

○ 빈 곳에 알맞은 수를 써넣으시오.

❺
$6 \times 1 =$ ___
$6 \times 2 =$ ___
$6 \times 3 =$ ___
$6 \times 4 =$ ___
$6 \times 5 =$ ___
$6 \times 6 =$ ___
$6 \times 7 =$ ___
$6 \times 8 =$ ___
$6 \times 9 =$ ___

❻
$6 \times 1 =$ ___
$6 \times 2 =$ ___
$6 \times 3 = 18$
$6 \times 4 =$ ___
$6 \times 5 =$ ___
$6 \times 6 = 36$
$6 \times 7 = 42$
$6 \times 8 =$ ___
$6 \times 9 = 54$

❼
$6 \times 1 = 6$
$6 \times 2 =$ ___
$6 \times 3 =$ ___
$6 \times 4 = 24$
$6 \times 5 =$ ___
$6 \times 6 = 36$
$6 \times 7 =$ ___
$6 \times 8 = 48$
$6 \times 9 =$ ___

❽
$6 \times 1 =$ ___
$6 \times 2 = 12$
$6 \times 3 =$ ___
$6 \times 4 = 24$
$6 \times 5 = 30$
$6 \times 6 =$ ___
$6 \times 7 =$ ___
$6 \times 8 = 48$
$6 \times 9 =$ ___

## 4 6단 곱셈구구

○ 수직선을 보고 □ 안에 알맞은 수를 써넣으시오.

❶
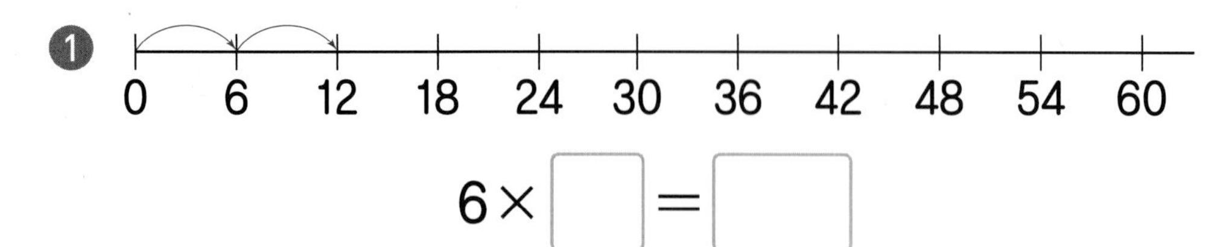


6× □ = □

❷
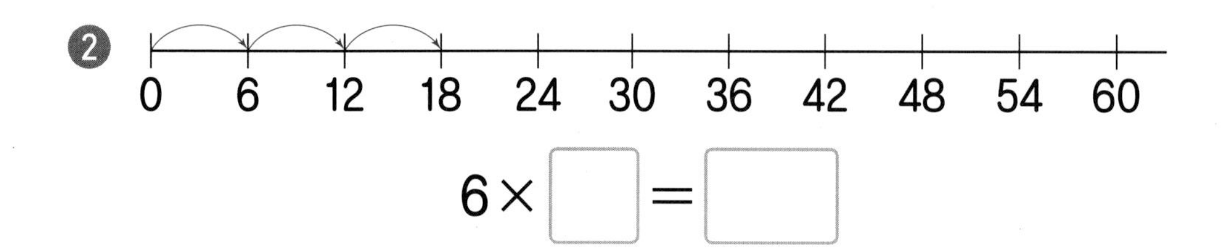


6× □ = □

❸
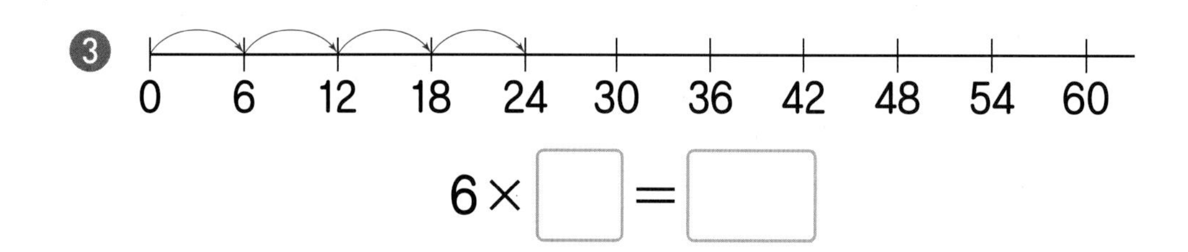


6× □ = □

❹
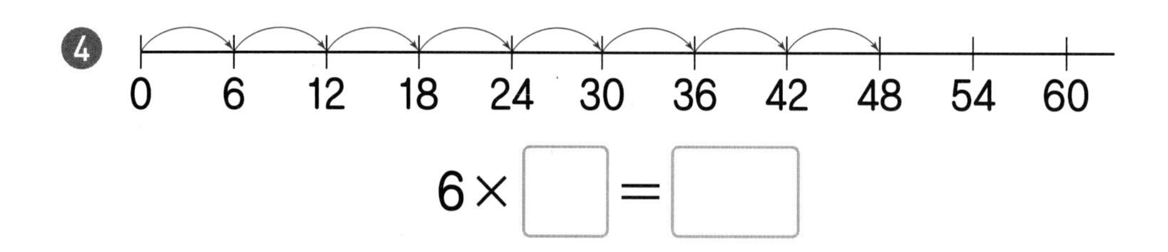


6× □ = □

❺
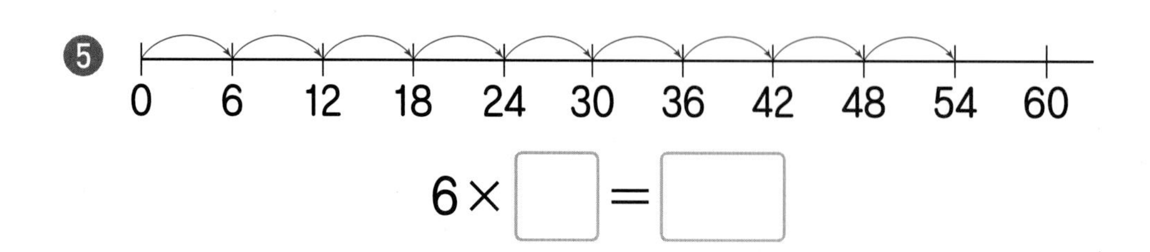


6× □ = □

정답 • 6쪽

○ □ 안에 알맞은 수를 써넣으시오.

❻ $6\times1=$ □

❼ $6\times2=$ □

❽ $6\times3=$ □

❾ $6\times4=$ □

❿ $6\times5=$ □

⓫ $6\times6=$ □

⓬ $6\times7=$ □

⓭ $6\times8=$ □

⓮ $6\times9=$ □

⓯ $6\times1=$ □

⓰ $6\times3=$ □

⓱ $6\times5=$ □

⓲ $6\times7=$ □

⓳ $6\times9=$ □

⓴ $6\times2=$ □

㉑ $6\times4=$ □

㉒ $6\times6=$ □

㉓ $6\times8=$ □

㉔ $6\times9=$ □

㉕ $6\times1=$ □

㉖ $6\times5=$ □

# 1 ~ 4 다르게 풀기

○ 빈칸에 알맞은 수를 써넣으시오.

❶ 

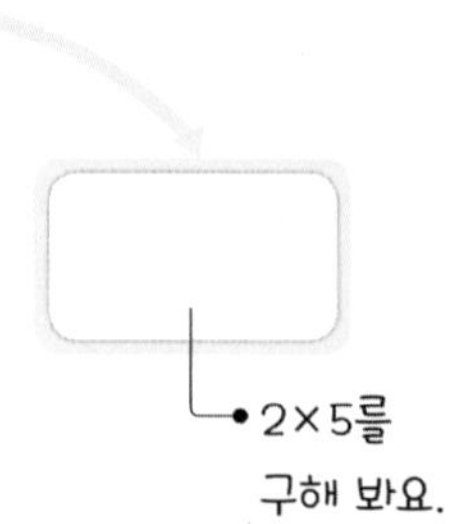

$\times 5$

2 → [ ]

2×5를 구해 봐요.

❺ $\times 4$

6 → [ ]

❷ $\times 3$

5 → [ ]

❻ $\times 8$

2 → [ ]

❸ $\times 2$

3 → [ ]

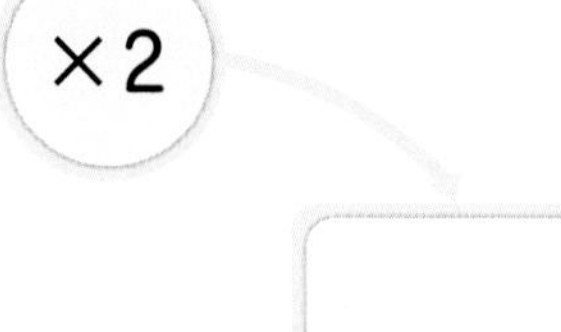

❼ $\times 7$

3 → [ ]

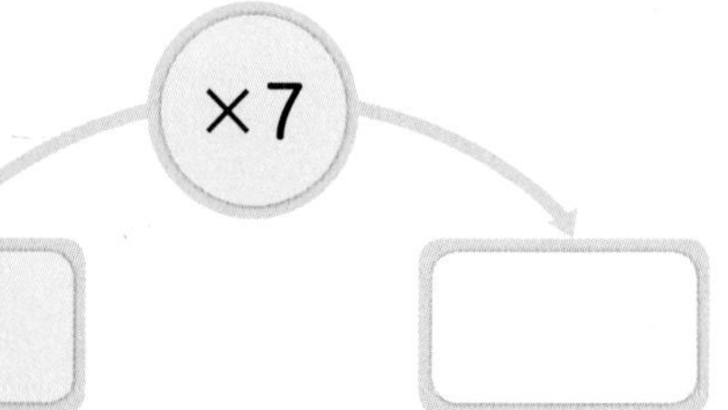

❹ $\times 6$

6 → [ ]

❽ $\times 9$

5 → [ ]

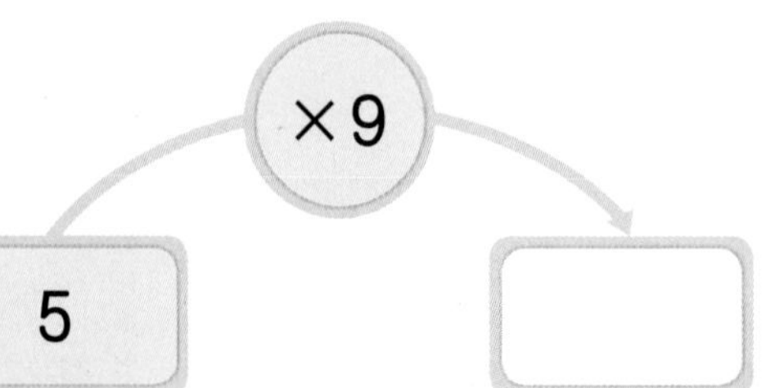

⑨ 3 ➡ ×3 ➡ ☐

3×3을 구해 봐요.

⑬ 2 ➡ ×7 ➡ ☐

⑩ 5 ➡ ×8 ➡ ☐

⑭ 3 ➡ ×6 ➡ ☐

⑪ 6 ➡ ×2 ➡ ☐

⑮ 5 ➡ ×5 ➡ ☐

⑫ 2 ➡ ×4 ➡ ☐

⑯ 6 ➡ ×9 ➡ ☐

문장제 속 연산

⑰ 접시 한 개에 딸기가 5개씩 있습니다. 접시 6개에 있는 딸기는 모두 몇 개인지 곱셈식으로 나타내어 구해 보시오.

☐ × ☐ = ☐(개)

접시 한 개에 있는 딸기의 수 / 접시의 수 / 접시 6개에 있는 딸기의 수

# 5 4단 곱셈구구

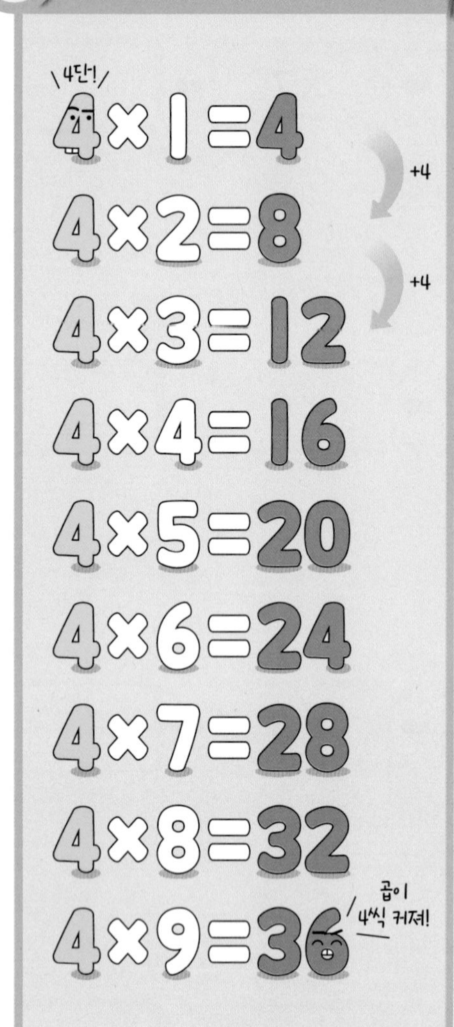


• **4단 곱셈구구**

4단 곱셈구구에서는 곱하는 수가 1씩 커지면 그 곱은 4씩 커집니다.

$4\times1=4$
$4\times2=8$ (+4)
$4\times3=12$ (+4)
$4\times4=16$ (+4)
$4\times5=20$ (+4)
$4\times6=24$ (+4)
$4\times7=28$ (+4)
$4\times8=32$ (+4)
$4\times9=36$ (+4)

○ 기린의 다리는 모두 몇 개인지 4단 곱셈구구를 이용하여 구해 보시오.

❶

$4\times3=$ □

❷

$4\times4=$ □

❸

$4\times6=$ □

❹

$4\times8=$ □

○ 빈 곳에 알맞은 수를 써넣으시오.

❺
$4 \times 1 = $ ___
$4 \times 2 = $ ___
$4 \times 3 = $ ___
$4 \times 4 = $ ___
$4 \times 5 = $ ___
$4 \times 6 = $ ___
$4 \times 7 = $ ___
$4 \times 8 = $ ___
$4 \times 9 = $ ___

❻
$4 \times 1 = $ ___
$4 \times 2 = 8$
$4 \times 3 = $ ___
$4 \times 4 = $ ___
$4 \times 5 = 20$
$4 \times 6 = 24$
$4 \times 7 = $ ___
$4 \times 8 = 32$
$4 \times 9 = $ ___

❼
$4 \times 1 = 4$
$4 \times 2 = $ ___
$4 \times 3 = 12$
$4 \times 4 = $ ___
$4 \times 5 = 20$
$4 \times 6 = $ ___
$4 \times 7 = $ ___
$4 \times 8 = $ ___
$4 \times 9 = 36$

❽
$4 \times 1 = 4$
$4 \times 2 = $ ___
$4 \times 3 = $ ___
$4 \times 4 = 16$
$4 \times 5 = $ ___
$4 \times 6 = $ ___
$4 \times 7 = 28$
$4 \times 8 = 32$
$4 \times 9 = $ ___

## 5 4단 곱셈구구

○ 수직선을 보고 ☐ 안에 알맞은 수를 써넣으시오.

❶ 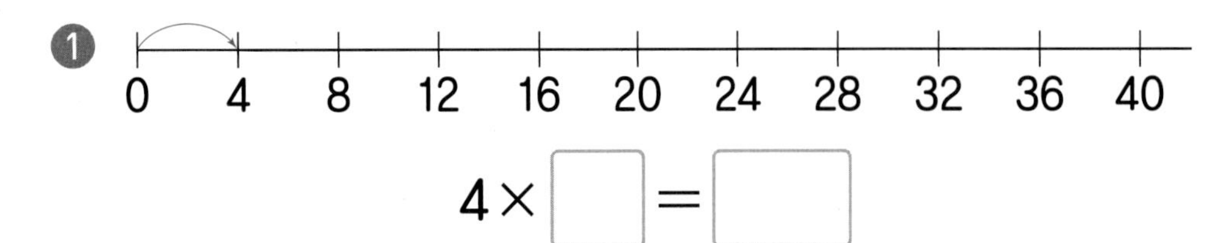


4× ☐ = ☐

❷ 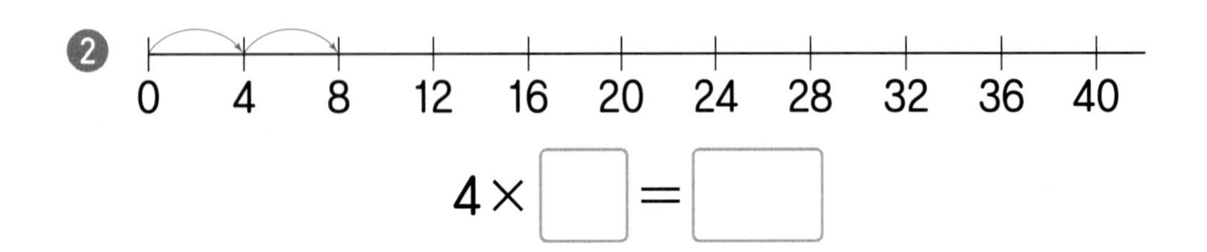


4× ☐ = ☐

❸ 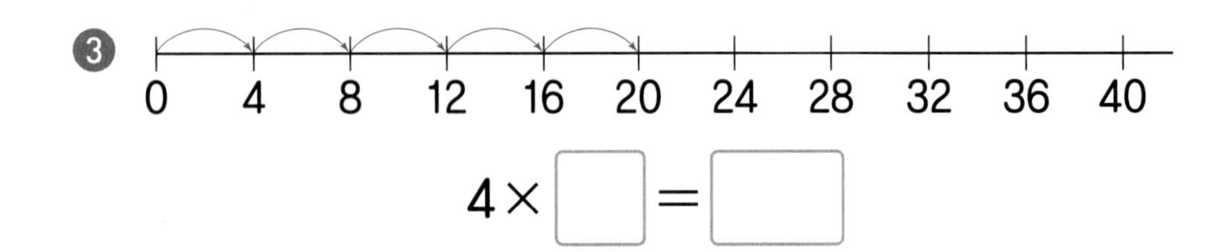


4× ☐ = ☐

❹ 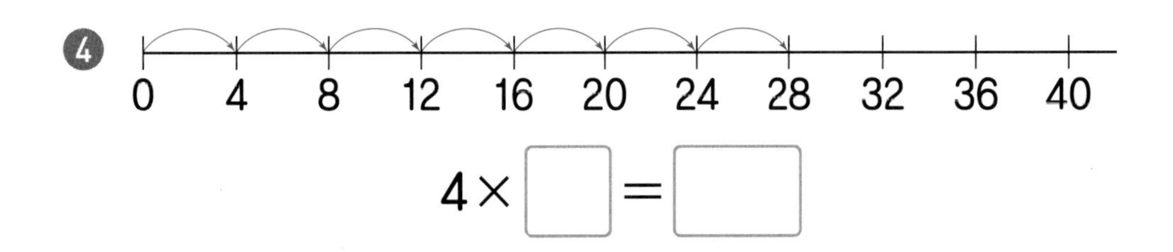


4× ☐ = ☐

❺ 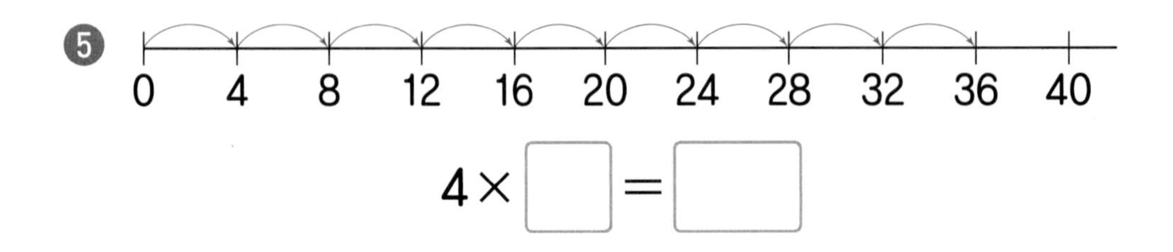


4× ☐ = ☐

○ □ 안에 알맞은 수를 써넣으시오.

❻ $4 \times 1 =$ □

❼ $4 \times 2 =$ □

❽ $4 \times 3 =$ □

❾ $4 \times 4 =$ □

❿ $4 \times 5 =$ □

⓫ $4 \times 6 =$ □

⓬ $4 \times 7 =$ □

⓭ $4 \times 8 =$ □

⓮ $4 \times 9 =$ □

⓯ $4 \times 1 =$ □

⓰ $4 \times 3 =$ □

⓱ $4 \times 5 =$ □

⓲ $4 \times 7 =$ □

⓳ $4 \times 9 =$ □

⓴ $4 \times 2 =$ □

㉑ $4 \times 4 =$ □

㉒ $4 \times 6 =$ □

㉓ $4 \times 8 =$ □

㉔ $4 \times 9 =$ □

㉕ $4 \times 7 =$ □

㉖ $4 \times 5 =$ □

## 6 8단 곱셈구구

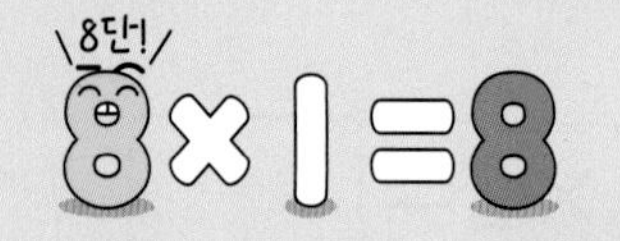


8×2=16 +8

8×3=24 +8

8×4=32

8×5=40

8×6=48

8×7=56

8×8=64

8×9=72

곱이 8씩 커져!

- **8단 곱셈구구**

8단 곱셈구구에서는 곱하는 수가 1씩 커지면 그 곱은 8씩 커집니다.

$8\times1=8$

$8\times2=16$ (+8)

$8\times3=24$ (+8)

$8\times4=32$ (+8)

$8\times5=40$ (+8)

$8\times6=48$ (+8)

$8\times7=56$ (+8)

$8\times8=64$ (+8)

$8\times9=72$ (+8)

○ 크레파스는 모두 몇 자루인지 8단 곱셈구구를 이용하여 구해 보시오.

❶

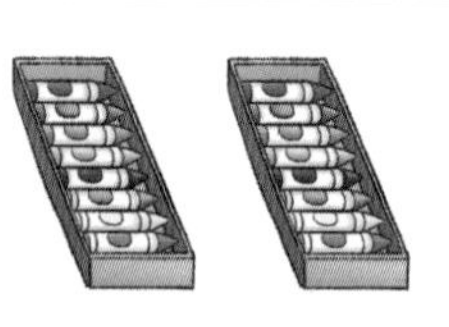

$8\times2=$ □

❷

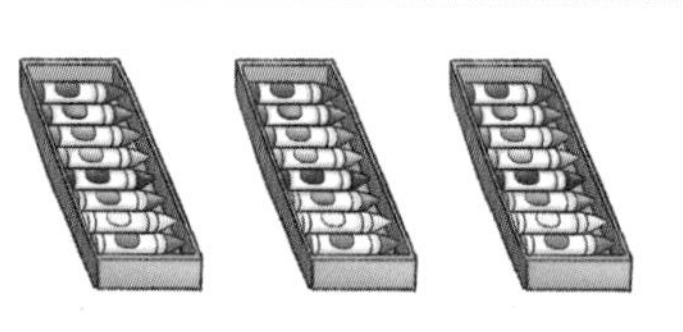

$8\times3=$ □

❸

$8\times5=$ □

❹

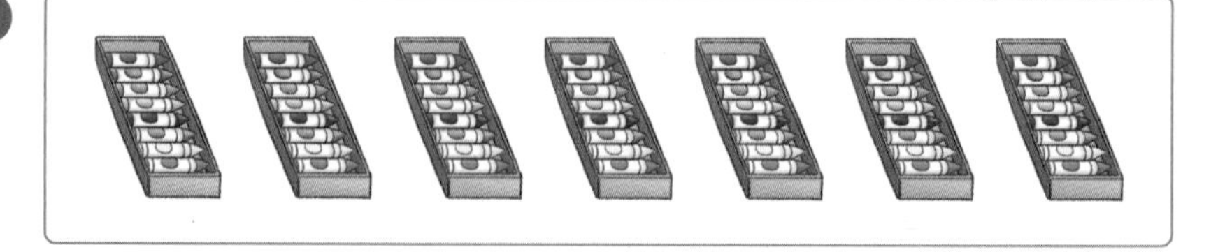

$8\times7=$ □

○ 빈 곳에 알맞은 수를 써넣으시오.

❺

$8 \times 1 = \_\_$
$8 \times 2 = \_\_$
$8 \times 3 = \_\_$
$8 \times 4 = \_\_$
$8 \times 5 = \_\_$
$8 \times 6 = \_\_$
$8 \times 7 = \_\_$
$8 \times 8 = \_\_$
$8 \times 9 = \_\_$

❻

$8 \times 1 = 8$
$8 \times 2 = \_\_$
$8 \times 3 = \_\_$
$8 \times 4 = 32$
$8 \times 5 = \_\_$
$8 \times 6 = \_\_$
$8 \times 7 = 56$
$8 \times 8 = \_\_$
$8 \times 9 = 72$

❼

$8 \times 1 = \_\_$
$8 \times 2 = 16$
$8 \times 3 = \_\_$
$8 \times 4 = 32$
$8 \times 5 = \_\_$
$8 \times 6 = 48$
$8 \times 7 = \_\_$
$8 \times 8 = 64$
$8 \times 9 = \_\_$

❽

$8 \times 1 = \_\_$
$8 \times 2 = 16$
$8 \times 3 = 24$
$8 \times 4 = \_\_$
$8 \times 5 = 40$
$8 \times 6 = \_\_$
$8 \times 7 = \_\_$
$8 \times 8 = 64$
$8 \times 9 = \_\_$

## 6 8단 곱셈구구

○ 수직선을 보고 □ 안에 알맞은 수를 써넣으시오.

❶ 0 8 16 24 32 40 48 56 64 72 80

$8 \times \square = \square$

❷ 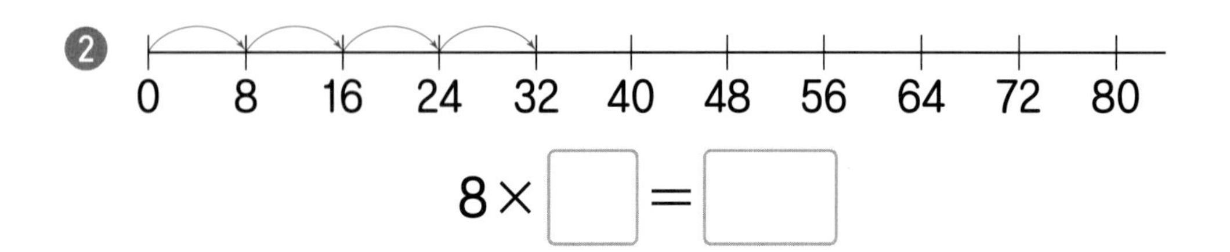


❸ 0 8 16 24 32 40 48 56 64 72 80

$8 \times \square = \square$

❹ 0 8 16 24 32 40 48 56 64 72 80

$8 \times \square = \square$

❺ 0 8 16 24 32 40 48 56 64 72 80

$8 \times \square = \square$

○ ☐ 안에 알맞은 수를 써넣으시오.

❻ $8\times1=$ ☐

❼ $8\times2=$ ☐

❽ $8\times3=$ ☐

❾ $8\times4=$ ☐

❿ $8\times5=$ ☐

⓫ $8\times6=$ ☐

⓬ $8\times7=$ ☐

⓭ $8\times8=$ ☐

⓮ $8\times9=$ ☐

⓯ $8\times1=$ ☐

⓰ $8\times3=$ ☐

⓱ $8\times5=$ ☐

⓲ $8\times7=$ ☐

⓳ $8\times9=$ ☐

⓴ $8\times2=$ ☐

㉑ $8\times4=$ ☐

㉒ $8\times6=$ ☐

㉓ $8\times8=$ ☐

㉔ $8\times9=$ ☐

㉕ $8\times5=$ ☐

㉖ $8\times7=$ ☐

## 7 7단 곱셈구구

7단!

$7\times1=7$

$7\times2=14$

$7\times3=21$

$7\times4=28$

$7\times5=35$

$7\times6=42$

$7\times7=49$

$7\times8=56$

$7\times9=63$

+7 +7

곱이 7씩 커져!

• **7단 곱셈구구**

7단 곱셈구구에서는 곱하는 수가 1씩 커지면 그 곱은 7씩 커집니다.

$7\times1=7$ ) +7
$7\times2=14$ ) +7
$7\times3=21$ ) +7
$7\times4=28$ ) +7
$7\times5=35$ ) +7
$7\times6=42$ ) +7
$7\times7=49$ ) +7
$7\times8=56$ ) +7
$7\times9=63$

○ 사탕은 모두 몇 개인지 7단 곱셈구구를 이용하여 구해 보시오.

❶

$7\times3=$ □

❷

$7\times5=$ □

❸

$7\times6=$ □

❹

$7\times8=$ □

정답 • 8쪽

○ 빈 곳에 알맞은 수를 써넣으시오.

❺

7 × 1 = ___
7 × 2 = ___
7 × 3 = ___
7 × 4 = ___
7 × 5 = ___
7 × 6 = ___
7 × 7 = ___
7 × 8 = ___
7 × 9 = ___

7 × 1 = 7
7 × 2 = ___
7 × 3 = 21
7 × 4 = ___
7 × 5 = 35
7 × 6 = ___
7 × 7 = ___
7 × 8 = ___
7 × 9 = 63

❼

7 × 1 = ___
7 × 2 = 14
7 × 3 = ___
7 × 4 = 28
7 × 5 = ___
7 × 6 = ___
7 × 7 = 49
7 × 8 = 56
7 × 9 = ___

7 × 1 = ___
7 × 2 = 14
7 × 3 = 21
7 × 4 = ___
7 × 5 = ___
7 × 6 = 42
7 × 7 = ___
7 × 8 = 56
7 × 9 = ___

## 7 7단 곱셈구구

○ 수직선을 보고 □ 안에 알맞은 수를 써넣으시오.

❶ 0 7 14 21 28 35 42 49 56 63 70

$7 \times \square = \square$

❷ 0 7 14 21 28 35 42 49 56 63 70

$7 \times \square = \square$

❸ 0 7 14 21 28 35 42 49 56 63 70

$7 \times \square = \square$

❹ 0 7 14 21 28 35 42 49 56 63 70

$7 \times \square = \square$

❺ 0 7 14 21 28 35 42 49 56 63 70

$7 \times \square = \square$

정답 • 8쪽

○ ☐ 안에 알맞은 수를 써넣으시오.

⑥ $7\times1=$ ☐

⑦ $7\times2=$ ☐

⑧ $7\times3=$ ☐

⑨ $7\times4=$ ☐

⑩ $7\times5=$ ☐

⑪ $7\times6=$ ☐

⑫ $7\times7=$ ☐

⑬ $7\times8=$ ☐

⑭ $7\times9=$ ☐

⑮ $7\times2=$ ☐

⑯ $7\times4=$ ☐

⑰ $7\times6=$ ☐

⑱ $7\times8=$ ☐

⑲ $7\times9=$ ☐

⑳ $7\times1=$ ☐

㉑ $7\times3=$ ☐

㉒ $7\times5=$ ☐

㉓ $7\times7=$ ☐

㉔ $7\times9=$ ☐

㉕ $7\times2=$ ☐

㉖ $7\times6=$ ☐

## 8 9단 곱셈구구

9단!

$9\times1=9$

$9\times2=18$ +9

$9\times3=27$ +9

$9\times4=36$

$9\times5=45$

$9\times6=54$

$9\times7=63$

$9\times8=72$

$9\times9=81$

곱이 9씩 커져!

• **9단 곱셈구구**

9단 곱셈구구에서는 곱하는 수가 1씩 커지면 그 곱은 9씩 커집니다.

$9\times1=9$
$9\times2=18$ (+9)
$9\times3=27$ (+9)
$9\times4=36$ (+9)
$9\times5=45$ (+9)
$9\times6=54$ (+9)
$9\times7=63$ (+9)
$9\times8=72$ (+9)
$9\times9=81$ (+9)

○ 연필은 모두 몇 자루인지 9단 곱셈구구를 이용하여 구해 보시오.

❶

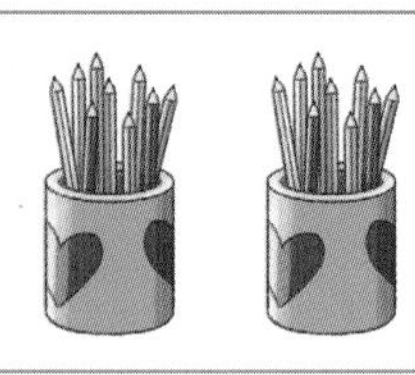

$9\times2=$ □

❷

$9\times4=$ □

❸

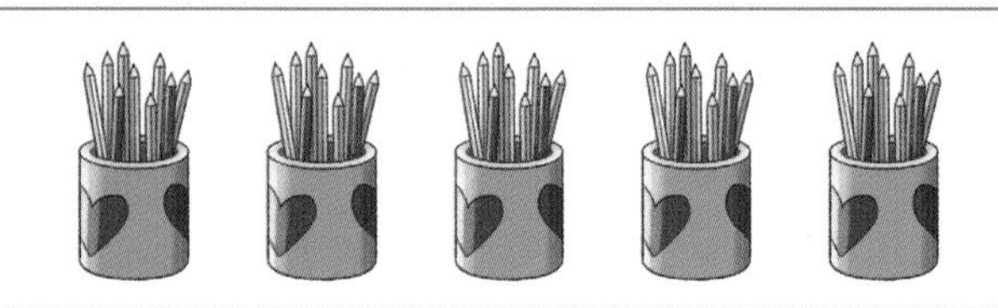

$9\times5=$ □

❹

$9\times7=$ □

정답 • 8쪽

○ 빈 곳에 알맞은 수를 써넣으시오.

5

$9 \times 1 =$ ___
$9 \times 2 =$ ___
$9 \times 3 =$ ___
$9 \times 4 =$ ___
$9 \times 5 =$ ___
$9 \times 6 =$ ___
$9 \times 7 =$ ___
$9 \times 8 =$ ___
$9 \times 9 =$ ___

$9 \times 1 =$ ___
$9 \times 2 =$ ___
$9 \times 3 = 27$
$9 \times 4 = 36$
$9 \times 5 =$ ___
$9 \times 6 = 54$
$9 \times 7 =$ ___
$9 \times 8 = 72$
$9 \times 9 =$ ___

7

$9 \times 1 = 9$
$9 \times 2 = 18$
$9 \times 3 =$ ___
$9 \times 4 =$ ___
$9 \times 5 = 45$
$9 \times 6 =$ ___
$9 \times 7 =$ ___
$9 \times 8 =$ ___
$9 \times 9 = 81$

8

$9 \times 1 =$ ___
$9 \times 2 = 18$
$9 \times 3 =$ ___
$9 \times 4 = 36$
$9 \times 5 = 45$
$9 \times 6 =$ ___
$9 \times 7 = 63$
$9 \times 8 =$ ___
$9 \times 9 =$ ___

○ 수직선을 보고 □ 안에 알맞은 수를 써넣으시오.

❶ 0 9 18 27 36 45 54 63 72 81 90

$9 \times \square = \square$

❷ 0 9 18 27 36 45 54 63 72 81 90

$9 \times \square = \square$

❸ 0 9 18 27 36 45 54 63 72 81 90

$9 \times \square = \square$

❹ 0 9 18 27 36 45 54 63 72 81 90

$9 \times \square = \square$

❺ 0 9 18 27 36 45 54 63 72 81 90

$9 \times \square = \square$

○ □ 안에 알맞은 수를 써넣으시오.

❻ $9\times1=$ □

❼ $9\times2=$ □

❽ $9\times3=$ □

❾ $9\times4=$ □

❿ $9\times5=$ □

⓫ $9\times6=$ □

⓬ $9\times7=$ □

⓭ $9\times8=$ □

⓮ $9\times9=$ □

⓯ $9\times2=$ □

⓰ $9\times4=$ □

⓱ $9\times6=$ □

⓲ $9\times8=$ □

⓳ $9\times9=$ □

⓴ $9\times1=$ □

㉑ $9\times3=$ □

㉒ $9\times5=$ □

㉓ $9\times7=$ □

㉔ $9\times9=$ □

㉕ $9\times4=$ □

㉖ $9\times8=$ □

# 9 1단 곱셈구구 / 0의 곱

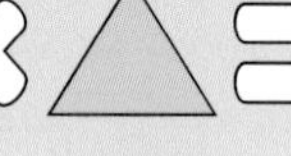
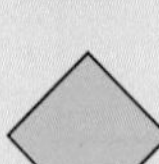

• **1단 곱셈구구**

1과 어떤 수의 곱은 항상 어떤 수가 됩니다.

| 1× ■ = ■ |
|---|

• **0의 곱**

0과 어떤 수, 어떤 수와 0의 곱은 항상 0이 됩니다.

| 0× ▲ =0<br>◆ ×0=0 |
|---|

◦ 어항에 있는 금붕어의 수를 구해 보시오.

❶

$1\times3=$ □

❷

$1\times6=$ □

❸

$0\times5=$ □

❹

$0\times7=$ □

○ 빈 곳에 알맞은 수를 써넣으시오.

5

$1 \times 1 =$ ___
$1 \times 2 = 2$
$1 \times 3 =$ ___
$1 \times 4 =$ ___
$1 \times 5 = 5$
$1 \times 6 =$ ___
$1 \times 7 =$ ___
$1 \times 8 = 8$
$1 \times 9 = 9$

6

$1 \times 1 = 1$
$1 \times 2 =$ ___
$1 \times 3 = 3$
$1 \times 4 = 4$
$1 \times 5 =$ ___
$1 \times 6 =$ ___
$1 \times 7 = 7$
$1 \times 8 =$ ___
$1 \times 9 =$ ___

7

$0 \times 1 = 0$
$0 \times 2 =$ ___
$0 \times 3 =$ ___
$0 \times 4 = 0$
$0 \times 5 = 0$
$0 \times 6 =$ ___
$0 \times 7 =$ ___
$0 \times 8 = 0$
$0 \times 9 =$ ___

8

$1 \times 0 =$ ___
$2 \times 0 = 0$
$3 \times 0 = 0$
$4 \times 0 =$ ___
$5 \times 0 =$ ___
$6 \times 0 = 0$
$7 \times 0 =$ ___
$8 \times 0 =$ ___
$9 \times 0 = 0$

○ 수직선을 보고 □ 안에 알맞은 수를 써넣으시오.

❶

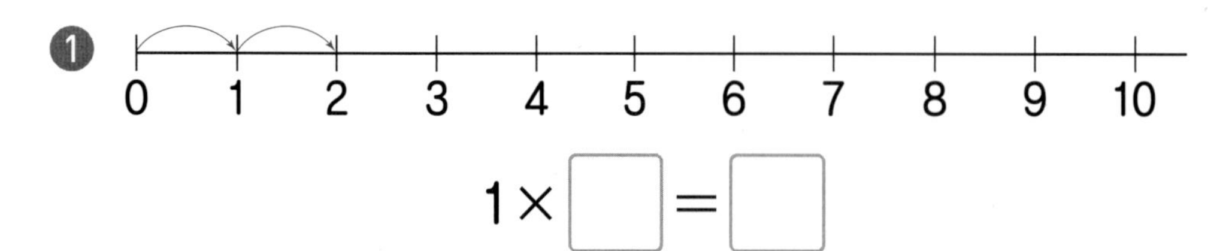

1 × □ = □

❷

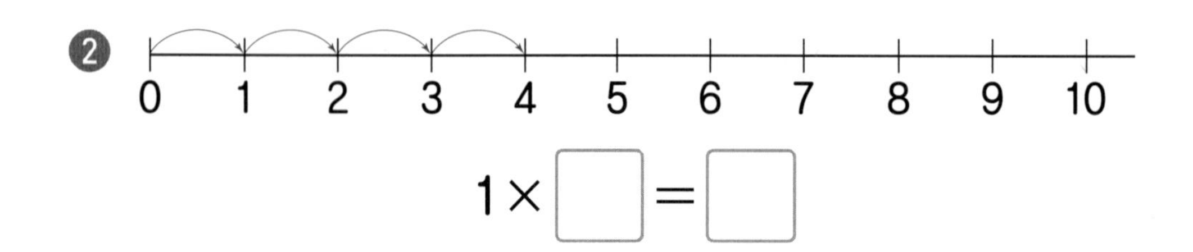

1 × □ = □

❸

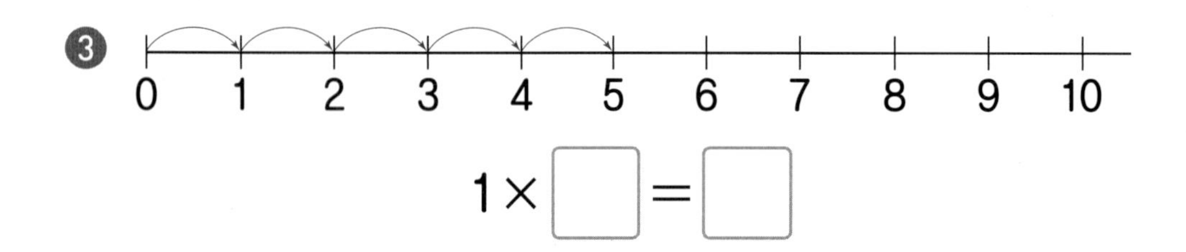

1 × □ = □

❹

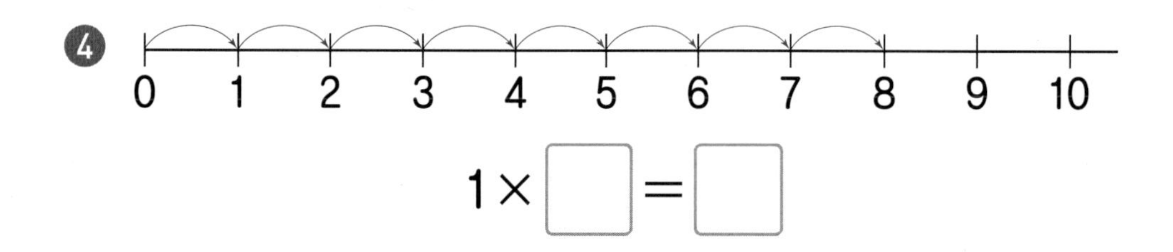

1 × □ = □

❺

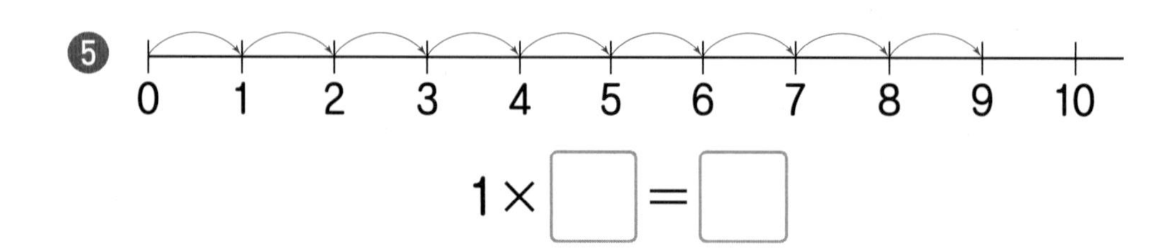

1 × □ = □

○ □ 안에 알맞은 수를 써넣으시오.

⑥ $1\times\square=2$

⑦ $1\times3=\square$

⑧ $\square\times4=4$

⑨ $1\times\square=5$

⑩ $1\times6=\square$

⑪ $1\times\square=7$

⑫ $\square\times8=8$

⑬ $0\times2=\square$

⑭ $0\times3=\square$

⑮ $\square\times4=0$

⑯ $0\times5=\square$

⑰ $0\times6=\square$

⑱ $\square\times7=0$

⑲ $\square\times8=0$

⑳ $1\times0=\square$

㉑ $2\times\square=0$

㉒ $3\times0=\square$

㉓ $4\times0=\square$

㉔ $6\times\square=0$

㉕ $8\times0=\square$

㉖ $9\times\square=0$

## 10 곱셈표 만들기

2×4=8,
4×2=8로
곱이 같아!

| × | 1 | 2 | 3 | 4 |
|---|---|---|---|---|
| 1 | 1 | 2 | 3 | 4 |
| 2 | 2 | 4 | 6 | 8 |
| 3 | 3 | 6 | 9 | 12 |
| 4 | 4 | 8 | 12 | 16 |

4단 곱셈구구에서는
곱이 4씩 커져!

• 곱셈표 만들기

| × | 0 | 1 | 2 | 3 | 4 | 5 |
|---|---|---|---|---|---|---|
| 0 | 0 | 0 | 0 | 0 | 0 | 0 |
| 1 | 0 | 1 | 2 | 3 | 4 | 5 |
| 2 | 0 | 2 | 4 | 6 | 8 | 10 |
| 3 | 0 | 3 | 6 | 9 | 12 | 15 |
| 4 | 0 | 4 | 8 | 12 | 16 | 20 |
| 5 | 0 | 5 | 10 | 15 | 20 | 25 |

• ■단 곱셈구구에서는 곱이 ■씩 커집니다.
• 곱하는 두 수의 순서를 서로 바꾸어도 곱이 같습니다.

●×▲=▲×●

○ 빈칸에 알맞은 수를 써넣으시오.

❶

| × | 1 | 2 | 3 | 4 | 5 | 6 |
|---|---|---|---|---|---|---|
| 1 | | | | | | |

❷

| × | 3 | 4 | 5 | 6 | 7 | 8 |
|---|---|---|---|---|---|---|
| 3 | | | | | | |

❸

| × | 2 | 3 | 4 | 5 | 6 | 7 |
|---|---|---|---|---|---|---|
| 4 | | | | | | |

❹

| × | 3 | 4 | 5 | 6 | 7 | 8 |
|---|---|---|---|---|---|---|
| 8 | | | | | | |

❺

| × | 4 | 5 | 6 | 7 | 8 | 9 |
|---|---|---|---|---|---|---|
| 9 | | | | | | |

곱셈표를 완성해 보시오.

6

| × | 1 | 2 | 3 | 4 |
| --- | --- | --- | --- | --- |
| 1 | 1 | | | |
| 2 | | | | 8 |
| 3 | | 6 | | |
| 4 | | | 12 | |

7

| × | 3 | 4 | 5 | 6 |
| --- | --- | --- | --- | --- |
| 2 | | 8 | | |
| 3 | | | 15 | |
| 4 | | | | 24 |
| 5 | 15 | | | |

8

| × | 5 | 6 | 7 | 8 |
| --- | --- | --- | --- | --- |
| 3 | | | 21 | |
| 4 | 20 | | | |
| 5 | | 30 | | |
| 6 | | | | 48 |

9

| × | 2 | 3 | 4 | 5 |
| --- | --- | --- | --- | --- |
| 4 | | | 16 | |
| 5 | 10 | | | |
| 6 | | | | 30 |
| 7 | | 21 | | |

10

| × | 4 | 5 | 6 | 7 |
| --- | --- | --- | --- | --- |
| 5 | | | | 35 |
| 6 | 24 | | | |
| 7 | | | 42 | |
| 8 | | 40 | | |

11

| × | 6 | 7 | 8 | 9 |
| --- | --- | --- | --- | --- |
| 6 | 36 | | | |
| 7 | | | | 63 |
| 8 | | 56 | | |
| 9 | | | 72 | |

## 10 곱셈표 만들기

○ 빈칸에 알맞은 수를 써넣으시오.

❶

| × | 1 | 2 | 6 | 7 | 8 |
| --- | --- | --- | --- | --- | --- |
| 1 | | | | | |

❷

| × | 2 | 3 | 4 | 6 | 9 |
| --- | --- | --- | --- | --- | --- |
| 3 | | | | | |

❸

| × | 1 | 2 | 4 | 5 | 7 |
| --- | --- | --- | --- | --- | --- |
| 5 | | | | | |

❹

| × | 2 | 3 | 6 | 8 | 9 |
| --- | --- | --- | --- | --- | --- |
| 6 | | | | | |

❺

| × | 2 | 3 | 5 | 7 | 8 |
| --- | --- | --- | --- | --- | --- |
| 7 | | | | | |

❻

| × | 2 | 4 | 6 | 7 | 9 |
| --- | --- | --- | --- | --- | --- |
| 4 | | | | | |

❼

| × | 1 | 2 | 4 | 5 | 8 |
| --- | --- | --- | --- | --- | --- |
| 0 | | | | | |

❽

| × | 3 | 4 | 6 | 7 | 9 |
| --- | --- | --- | --- | --- | --- |
| 7 | | | | | |

❾

| × | 2 | 3 | 4 | 5 | 8 |
| --- | --- | --- | --- | --- | --- |
| 2 | | | | | |

❿

| × | 4 | 5 | 6 | 8 | 9 |
| --- | --- | --- | --- | --- | --- |
| 9 | | | | | |

정답 • 10쪽

○ 곱셈표를 완성해 보시오.

⑪

| × | 2 | 3 | 6 |
|---|---|---|---|
| 1 | | | |
| 2 | 4 | | |
| 4 | | | 24 |

⑫

| × | 1 | 4 | 5 | 6 |
|---|---|---|---|---|
| 2 | | | | |
| 5 | | 20 | | |
| 6 | | | | 36 |
| 7 | 7 | | | |

⑬

| × | 1 | 3 | 4 | 5 | 9 |
|---|---|---|---|---|---|
| 1 | | | | | 9 |
| 4 | | | 16 | | |
| 5 | | | | 25 | |
| 7 | 7 | | | | |
| 8 | | | | | |

⑭

| × | 4 | 6 | 7 |
|---|---|---|---|
| 5 | | 30 | |
| 7 | | | 49 |
| 9 | | | |

⑮

| × | 2 | 7 | 8 | 9 |
|---|---|---|---|---|
| 3 | | | | |
| 5 | 10 | 35 | | |
| 6 | | | | |
| 8 | | | 64 | |

⑯

| × | 2 | 6 | 7 | 8 | 9 |
|---|---|---|---|---|---|
| 3 | | | | | |
| 4 | | | 28 | | |
| 5 | | | | 40 | |
| 8 | 16 | | | | |
| 9 | | 54 | | | |

# 5 ~ 9 다르게 풀기

○ 빈칸에 알맞은 수를 써넣으시오.

❶

4×2를
구해 봐요.

❷

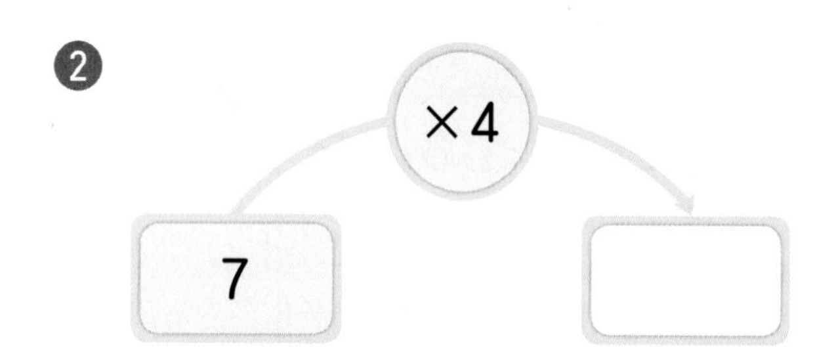


❸

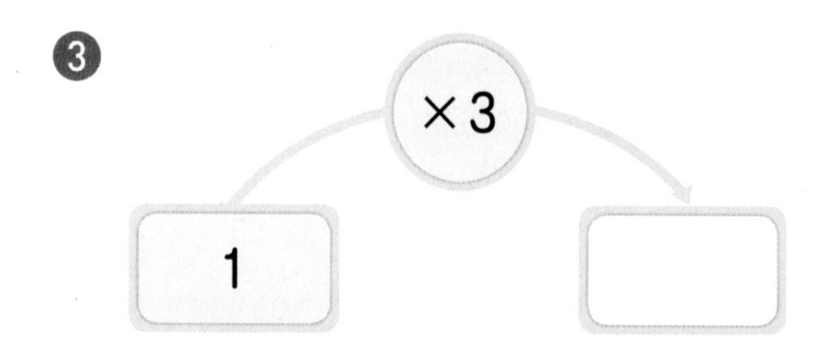


❹

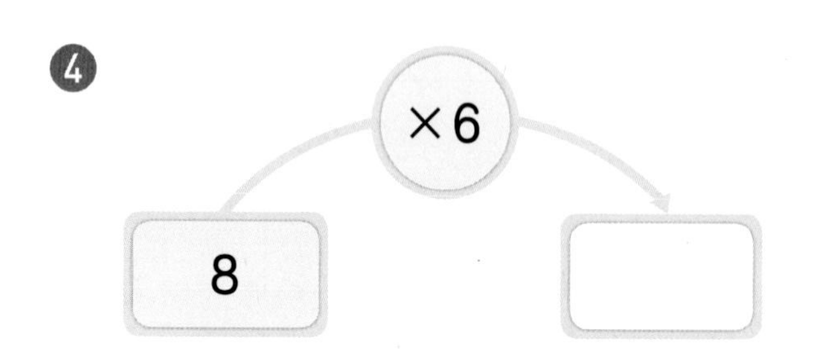


❺

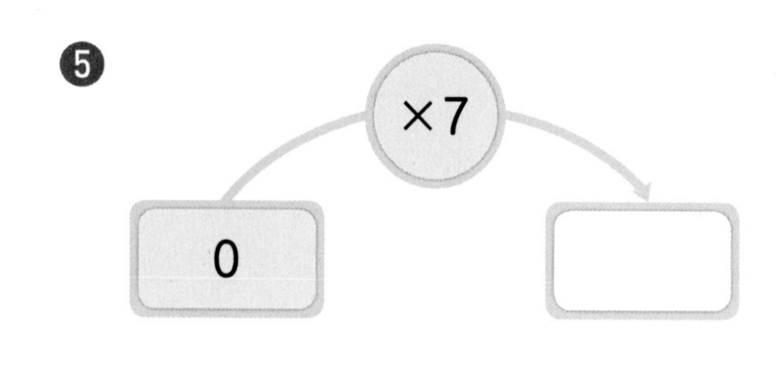


❻

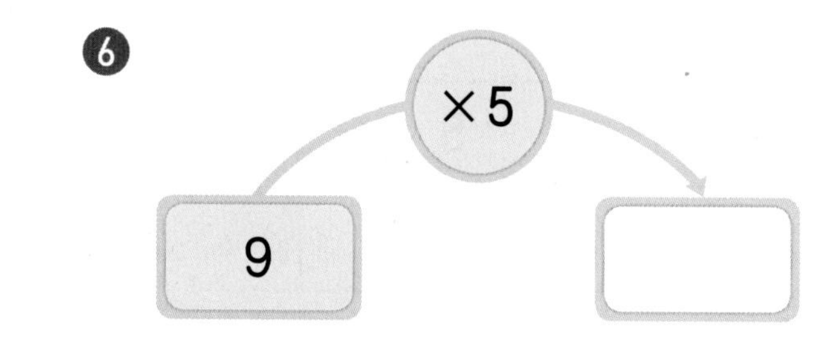


❼

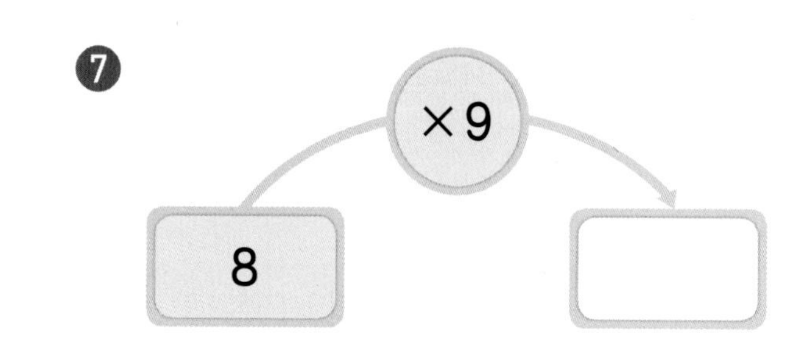


❽

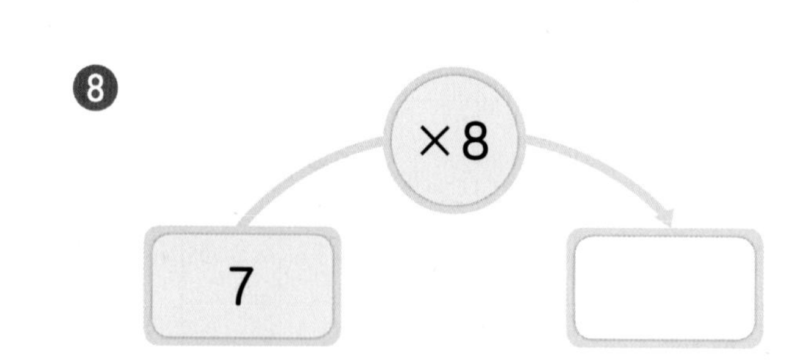

정답 • 10쪽

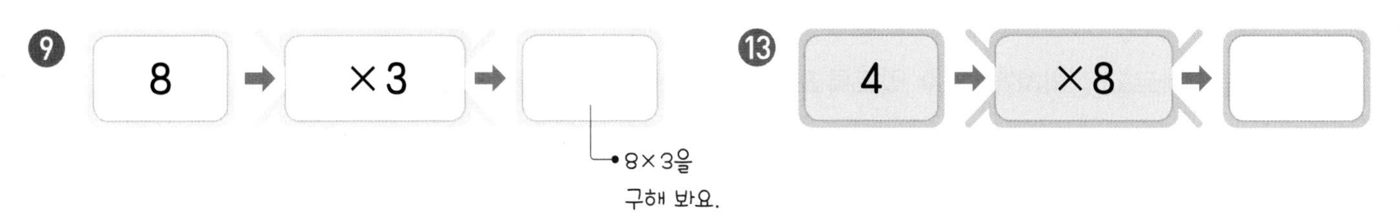

❾ 8 ➡ ×3 ➡ ☐

8×3을 구해 봐요.

⓭ 4 ➡ ×8 ➡ ☐

❿ 4 ➡ ×5 ➡ ☐

⓮ 1 ➡ ×7 ➡ ☐

⓫ 9 ➡ ×4 ➡ ☐

⓯ 7 ➡ ×2 ➡ ☐

⓬ 6 ➡ ×0 ➡ ☐

⓰ 9 ➡ ×9 ➡ ☐

## 문장제 속 연산

⓱ 문어의 다리는 8개입니다. 문어 5마리의 다리는 모두 몇 개인지 곱셈식으로 나타내어 구해 보시오.

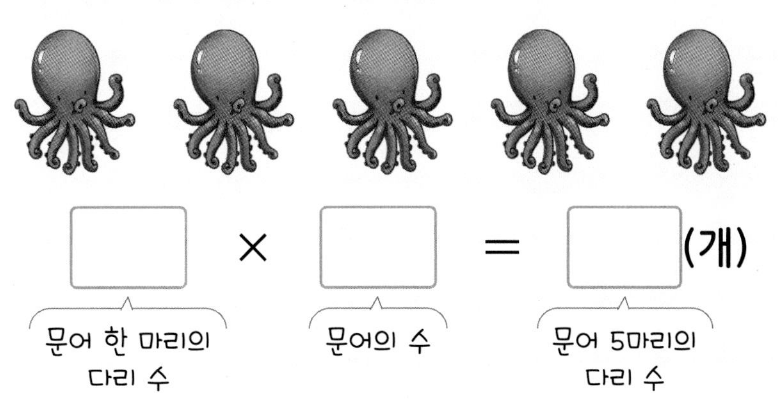

☐ × ☐ = ☐ (개)

문어 한 마리의 다리 수 / 문어의 수 / 문어 5마리의 다리 수

곱셈을 빠르고 정확하게 할 수 있도록 도와 주는 '거꾸로 곱셈구구'

| 9단 | 8단 | 7단 | 6단 |
|---|---|---|---|
| $9\times9=81$ (−9) | $8\times9=72$ (−8) | $7\times9=63$ (−7) | $6\times9=54$ (−6) |
| $9\times8=72$ (−9) | $8\times8=64$ (−8) | $7\times8=56$ (−7) | $6\times8=48$ (−6) |
| $9\times7=63$ | $8\times7=56$ | $7\times7=49$ | $6\times7=42$ |
| $9\times6=54$ | $8\times6=48$ | $7\times6=42$ | $6\times6=36$ |
| $9\times5=45$ | $8\times5=40$ | $7\times5=35$ | $6\times5=30$ |
| $9\times4=36$ | $8\times4=32$ | $7\times4=28$ | $6\times4=24$ |
| $9\times3=27$ | $8\times3=24$ | $7\times3=21$ | $6\times3=18$ |
| $9\times2=18$ | $8\times2=16$ | $7\times2=14$ | $6\times2=12$ |
| $9\times1=9$ | $8\times1=8$ | $7\times1=7$ | $6\times1=6$ |
| **5단** | **4단** | **3단** | **2단** |
| $5\times9=45$ (−5) | $4\times9=36$ (−4) | $3\times9=27$ (−3) | $2\times9=18$ (−2) |
| $5\times8=40$ (−5) | $4\times8=32$ (−4) | $3\times8=24$ (−3) | $2\times8=16$ (−2) |
| $5\times7=35$ | $4\times7=28$ | $3\times7=21$ | $2\times7=14$ |
| $5\times6=30$ | $4\times6=24$ | $3\times6=18$ | $2\times6=12$ |
| $5\times5=25$ | $4\times5=20$ | $3\times5=15$ | $2\times5=10$ |
| $5\times4=20$ | $4\times4=16$ | $3\times4=12$ | $2\times4=8$ |
| $5\times3=15$ | $4\times3=12$ | $3\times3=9$ | $2\times3=6$ |
| $5\times2=10$ | $4\times2=8$ | $3\times2=6$ | $2\times2=4$ |
| $5\times1=5$ | $4\times1=4$ | $3\times1=3$ | $2\times1=2$ |

○ 곱셈구구를 거꾸로 외워 보고 빈칸에 알맞은 수를 써넣으시오.

❶

| | |
|---|---|
| $2\times9$ | |
| $2\times8$ | |
| $2\times7$ | |
| $2\times6$ | |

❷

| | |
|---|---|
| $3\times8$ | |
| $3\times7$ | |
| $3\times6$ | |
| $3\times5$ | |

❸

| 4×9 | |
| --- | --- |
| 4×8 | |
| 4×7 | |
| 4×6 | |

❹

| 5×6 | |
| --- | --- |
| 5×5 | |
| 5×4 | |
| 5×3 | |

❺

| 6×8 | |
| --- | --- |
| 6×7 | |
| 6×6 | |
| 6×5 | |

❻

| 7×7 | |
| --- | --- |
| 7×6 | |
| 7×5 | |
| 7×4 | |

❼

| 8×4 | |
| --- | --- |
| 8×3 | |
| 8×2 | |
| 8×1 | |

❽

| 9×9 | |
| --- | --- |
| 9×8 | |
| 9×7 | |
| 9×6 | |

## 평가 2. 곱셈구구

○ □ 안에 알맞은 수를 써넣으시오.

1 $2 \times 4 = \square$

2 $5 \times 5 = \square$

3 $3 \times 7 = \square$

4 $6 \times 3 = \square$

5 $4 \times 8 = \square$

6 $8 \times 6 = \square$

7 $7 \times 2 = \square$

8 $9 \times 4 = \square$

9 $1 \times 9 = \square$

10 $0 \times 6 = \square$

11 $6 \times 7 = \square$

12 $2 \times 9 = \square$

13 $8 \times 3 = \square$

14 $5 \times 7 = \square$

15 $9 \times 6 = \square$

16 $7 \times 0 = \square$

17 $4 \times 1 = \square$

18 $8 \times 8 = \square$

○ 곱셈표를 완성해 보시오.

19

| × | 3 | 4 | 5 | 6 |
|---|---|---|---|---|
| 1 | | 4 | | |
| 2 | 6 | | | |
| 3 | | | | 18 |
| 4 | | | 20 | |

20

| × | 1 | 2 | 3 | 4 |
|---|---|---|---|---|
| 5 | | | | 20 |
| 6 | | 12 | | |
| 7 | | | 21 | |
| 8 | 8 | | | |

21

| × | 3 | 6 | 8 | 9 |
|---|---|---|---|---|
| 2 | 6 | | | |
| 4 | | | | 36 |
| 5 | | 30 | | |
| 7 | | | 56 | |

○ 빈칸에 알맞은 수를 써넣으시오.

22

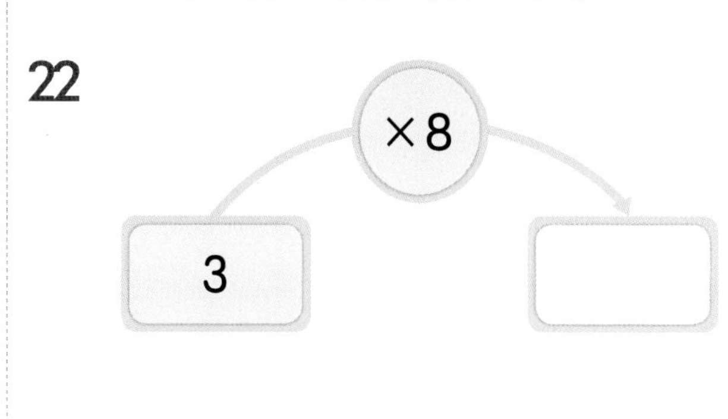


23

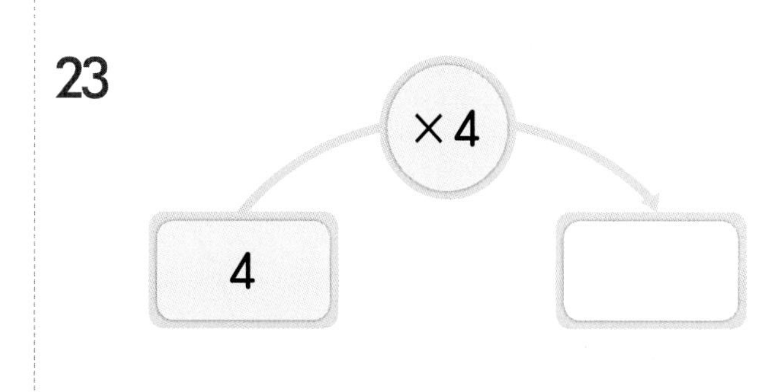


24

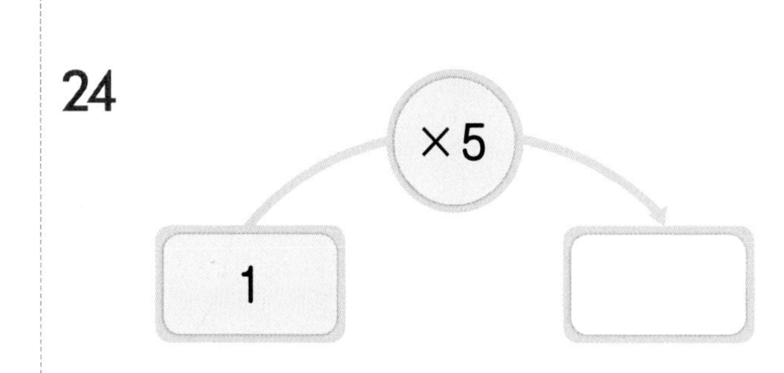


25

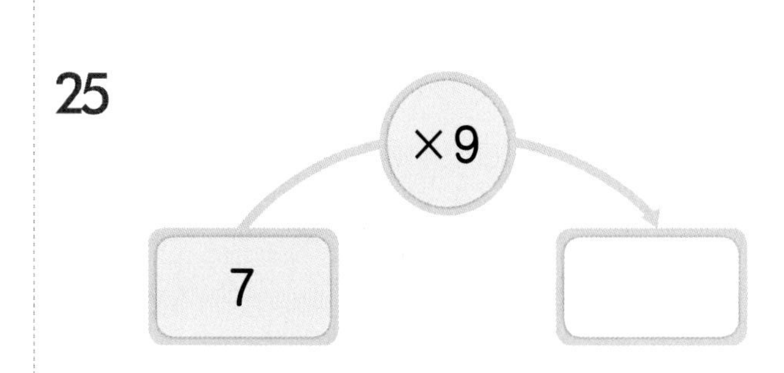


2단원의 연산 실력을 보충하고 싶다면 **클리닉 북 7~16쪽**을 풀어 보세요.

# 길이 재기

## 학습하는 데 걸린 시간을 작성해 봐요!

| 학습 내용 | 학습 회차 | 걸린 시간 |
|---|---|---|
| 1 m와 cm의 관계 | 1일 차 | /7분 |
| | 2일 차 | /7분 |
| 2 자로 길이 재기 | 3일 차 | /3분 |
| 3 받아올림이 없는 길이의 합 | 4일 차 | /5분 |
| | 5일 차 | /7분 |
| 4 받아올림이 있는 길이의 합 | 6일 차 | /7분 |
| | 7일 차 | /9분 |
| 5 받아내림이 없는 길이의 차 | 8일 차 | /5분 |
| | 9일 차 | /7분 |
| 6 받아내림이 있는 길이의 차 | 10일 차 | /7분 |
| | 11일 차 | /9분 |
| 3 ~ 6 다르게 풀기 | 12일 차 | /7분 |
| 평가 3. 길이 재기 | 13일 차 | /13분 |

# 1 m와 cm의 관계

100 cm = 1 m

1 미터

130 cm

=

100 cm + 30 cm

=

1 m 30 cm

1 미터 30 센티미터

- **1 m**

**1 m**(1 미터): 100 cm와 같은 길이

| 100 cm = 1 m |
|---|

- **몇 m 몇 cm와 몇 cm로 나타내기**

**1 m 30 cm**(1 미터 30 센티미터):
1 m보다 30 cm 더 긴 길이

| 130 cm = 1 m 30 cm |
|---|

○ □ 안에 알맞은 수를 써넣으시오.

❶ 200 cm = □ m

❷ 300 cm = □ m

❸ 400 cm = □ m

❹ 500 cm = □ m

❺ 600 cm = □ m

❻ 700 cm = □ m

❼ 800 cm = □ m

❽ 3 m = □ cm

❾ 4 m = □ cm

❿ 5 m = □ cm

⓫ 6 m = □ cm

⓬ 7 m = □ cm

⓭ 8 m = □ cm

⓮ 9 m = □ cm

정답 • 11쪽

⑮ 150 cm = ☐ m ☐ cm

⑯ 290 cm = ☐ m ☐ cm

⑰ 340 cm = ☐ m ☐ cm

⑱ 470 cm = ☐ m ☐ cm

⑲ 660 cm = ☐ m ☐ cm

⑳ 830 cm = ☐ m ☐ cm

㉑ 980 cm = ☐ m ☐ cm

㉒ 1 m 20 cm = ☐ cm

㉓ 2 m 30 cm = ☐ cm

㉔ 4 m 50 cm = ☐ cm

㉕ 5 m 60 cm = ☐ cm

㉖ 7 m 40 cm = ☐ cm

㉗ 8 m 10 cm = ☐ cm

㉘ 9 m 70 cm = ☐ cm

## 1 m와 cm의 관계

○ □ 안에 알맞은 수를 써넣으시오.

❶ 100 cm = □ m

❷ 400 cm = □ m

❸ 900 cm = □ m

❹ 1200 cm = □ m

❺ 1500 cm = □ m

❻ 1800 cm = □ m

❼ 2000 cm = □ m

❽ 190 cm = □ m □ cm

❾ 375 cm = □ m □ cm

❿ 418 cm = □ m □ cm

⓫ 656 cm = □ m □ cm

⓬ 763 cm = □ m □ cm

⓭ 827 cm = □ m □ cm

⓮ 903 cm = □ m □ cm

정답 • 12쪽

⑮ 2 m= ☐ cm

⑯ 5 m= ☐ cm

⑰ 8 m= ☐ cm

⑱ 10 m= ☐ cm

⑲ 19 m= ☐ cm

⑳ 22 m= ☐ cm

㉑ 25 m= ☐ cm

㉒ 1 m 40 cm= ☐ cm

㉓ 3 m 35 cm= ☐ cm

㉔ 5 m 17 cm= ☐ cm

㉕ 6 m 84 cm= ☐ cm

㉖ 7 m 8 cm= ☐ cm

㉗ 8 m 41 cm= ☐ cm

㉘ 9 m 79 cm= ☐ cm

# 2 자로 길이 재기

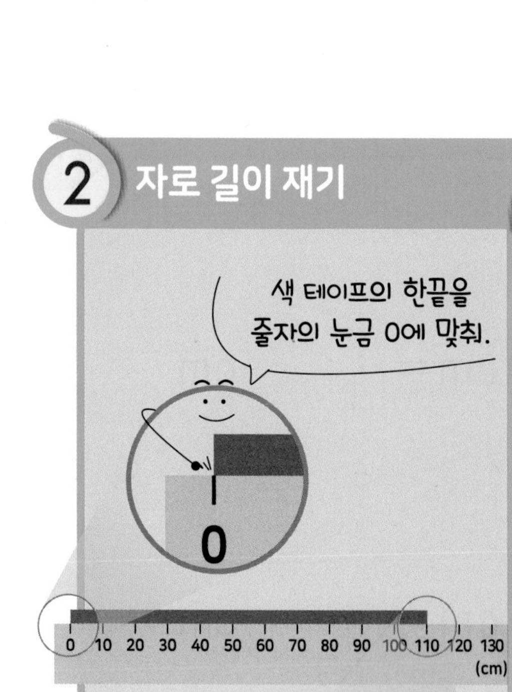


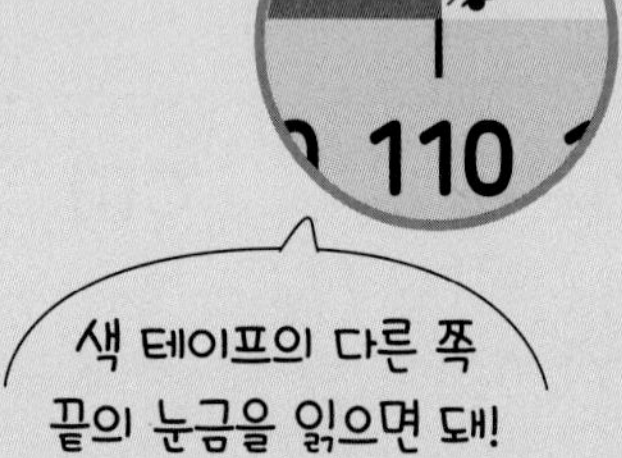


• 줄자를 사용하여 책상의 길이를 재는 방법

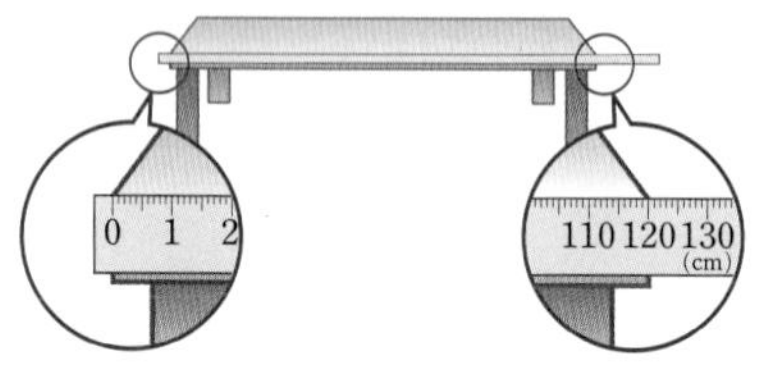


① 책상의 한끝을 줄자의 눈금 0에 맞춥니다.

② 책상의 다른 쪽 끝에 있는 줄자의 눈금을 읽습니다.

⇨ 눈금이 120이므로 책상의 길이는 1 m 20 cm입니다.

○ 자에서 화살표가 가리키는 눈금을 읽어 보시오.

❶ ☐ cm　☐ m ☐ cm

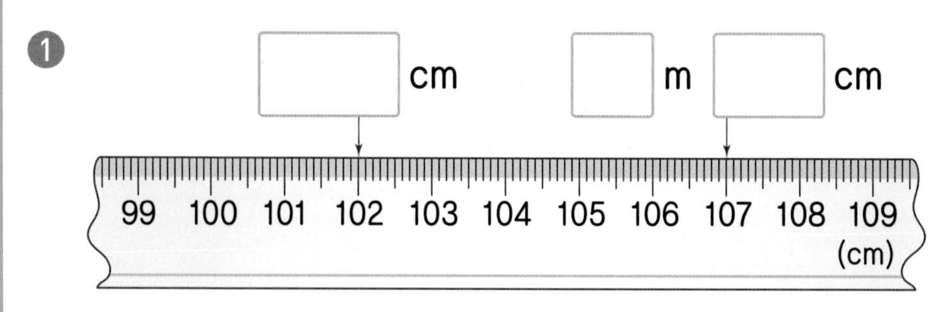


❷ ☐ m ☐ cm　☐ cm

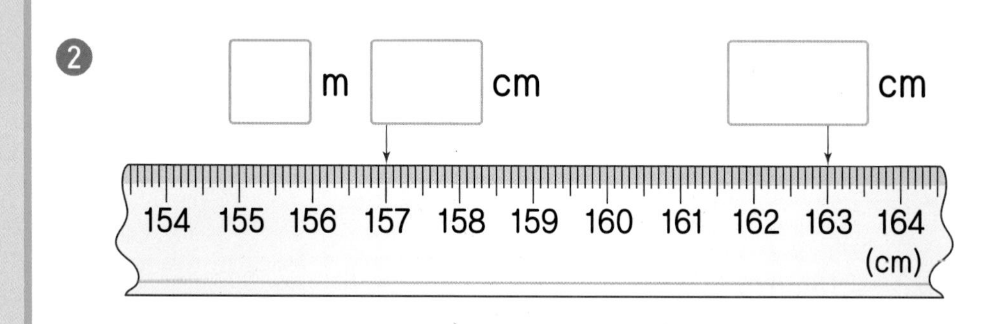


❸ ☐ cm　☐ m ☐ cm

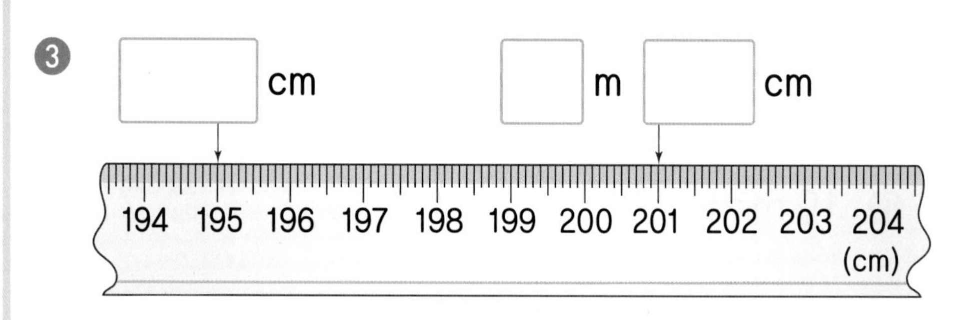


❹ ☐ m ☐ cm　☐ cm

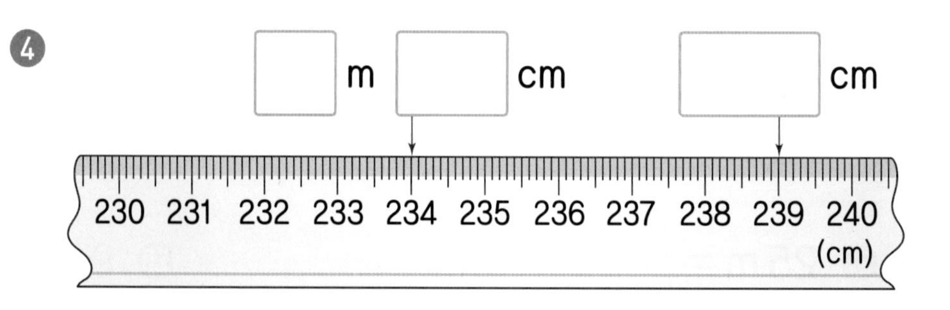

○ 물건의 길이를 두 가지 방법으로 나타내 보시오.

5
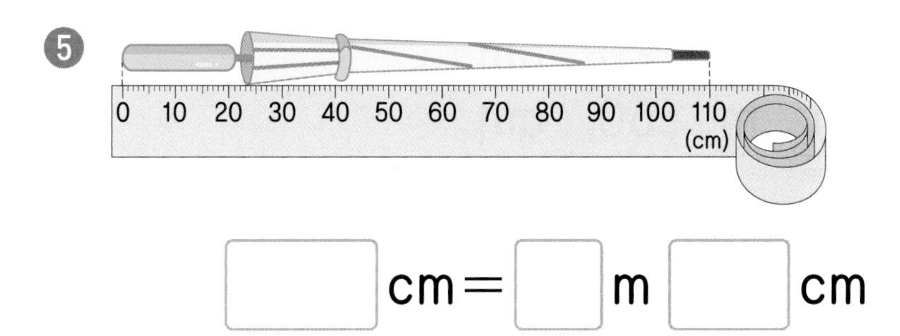


☐ cm = ☐ m ☐ cm

6
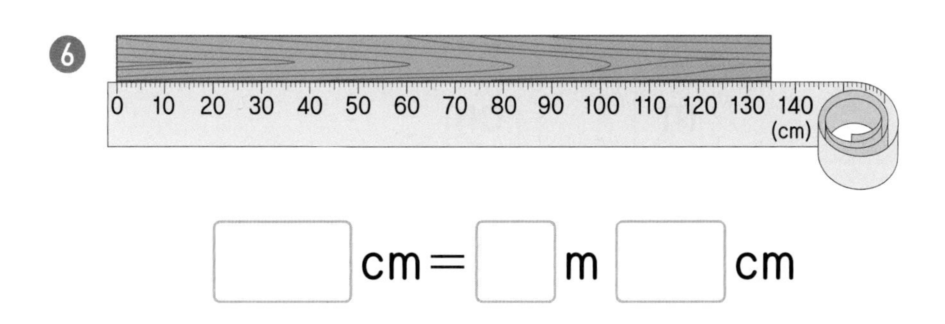


☐ cm = ☐ m ☐ cm

7
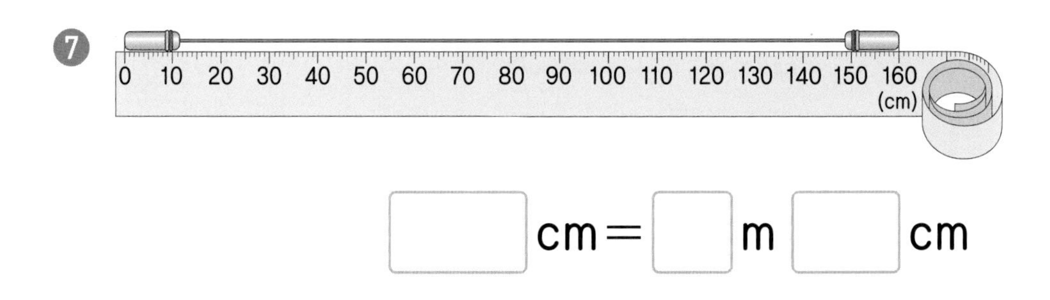


☐ cm = ☐ m ☐ cm

8
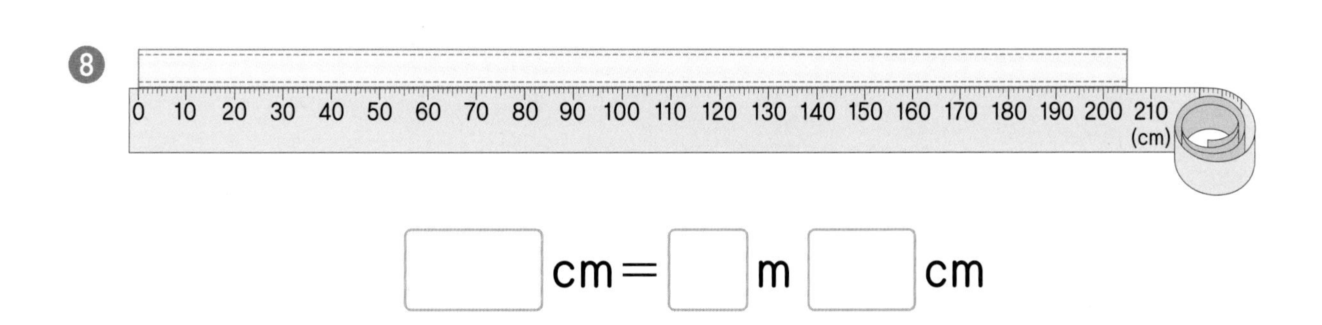


☐ cm = ☐ m ☐ cm

## 3 받아올림이 없는 길이의 합

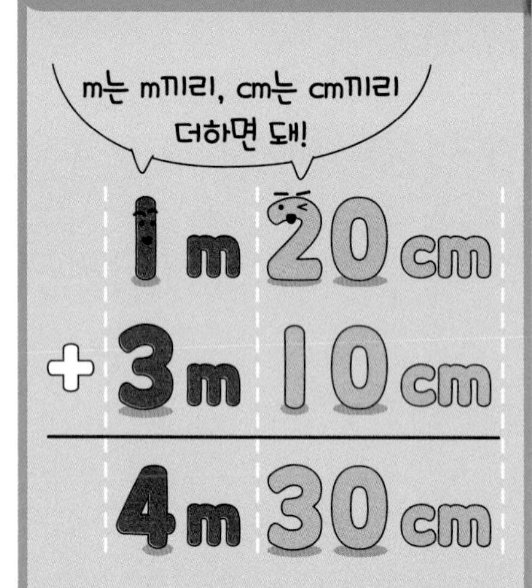


● **받아올림이 없는 길이의 합**

m는 m끼리, cm는 cm끼리 더합니다.

| | 1m | 20cm |
|---|---|---|
| + | 3m | 10cm |
| | | 30cm |

⇩

| | 1m | 20cm |
|---|---|---|
| + | 3m | 10cm |
| | 4m | 30cm |

○ □ 안에 알맞은 수를 써넣으시오.

❶
```
    1 m 20 cm
+   1 m 50 cm
-------------
    □ m □ cm
```

❷
```
    2 m 40 cm
+   2 m 10 cm
-------------
    □ m □ cm
```

❸
```
    4 m 70 cm
+   3 m 20 cm
-------------
    □ m □ cm
```

❹
```
    5 m 50 cm
+   4 m 30 cm
-------------
    □ m □ cm
```

❺
```
    7 m 30 cm
+   1 m 40 cm
-------------
    □ m □ cm
```

정답 • 12쪽

❻
$$\begin{array}{rrrrr} & 1 & \text{m} & 60 & \text{cm} \\ + & 2 & \text{m} & 28 & \text{cm} \\ \hline & \square & \text{m} & \square & \text{cm} \end{array}$$

❼
$$\begin{array}{rrrrr} & 2 & \text{m} & 22 & \text{cm} \\ + & 4 & \text{m} & 40 & \text{cm} \\ \hline & \square & \text{m} & \square & \text{cm} \end{array}$$

❽
$$\begin{array}{rrrrr} & 4 & \text{m} & 35 & \text{cm} \\ + & 3 & \text{m} & 13 & \text{cm} \\ \hline & \square & \text{m} & \square & \text{cm} \end{array}$$

❾
$$\begin{array}{rrrrr} & 5 & \text{m} & 14 & \text{cm} \\ + & 1 & \text{m} & 36 & \text{cm} \\ \hline & \square & \text{m} & \square & \text{cm} \end{array}$$

❿
$$\begin{array}{rrrrr} & 6 & \text{m} & 32 & \text{cm} \\ + & 2 & \text{m} & 49 & \text{cm} \\ \hline & \square & \text{m} & \square & \text{cm} \end{array}$$

⓫
$$\begin{array}{rrrrr} & 6 & \text{m} & 29 & \text{cm} \\ + & 5 & \text{m} & 7 & \text{cm} \\ \hline & \square & \text{m} & \square & \text{cm} \end{array}$$

⓬
$$\begin{array}{rrrrr} & 7 & \text{m} & 8 & \text{cm} \\ + & 3 & \text{m} & 54 & \text{cm} \\ \hline & \square & \text{m} & \square & \text{cm} \end{array}$$

⓭
$$\begin{array}{rrrrr} & 8 & \text{m} & 76 & \text{cm} \\ + & 8 & \text{m} & 18 & \text{cm} \\ \hline & \square & \text{m} & \square & \text{cm} \end{array}$$

⓮
$$\begin{array}{rrrrr} & 9 & \text{m} & 15 & \text{cm} \\ + & 6 & \text{m} & 27 & \text{cm} \\ \hline & \square & \text{m} & \square & \text{cm} \end{array}$$

⓯
$$\begin{array}{rrrrr} & 10 & \text{m} & 23 & \text{cm} \\ + & 7 & \text{m} & 61 & \text{cm} \\ \hline & \square & \text{m} & \square & \text{cm} \end{array}$$

## 3 받아올림이 없는 길이의 합

○ 계산해 보시오.

❶
$$\begin{array}{rrr} & 1\text{ m} & 10\text{ cm} \\ + & 4\text{ m} & 50\text{ cm} \\ \hline \end{array}$$

❷
$$\begin{array}{rrr} & 2\text{ m} & 30\text{ cm} \\ + & 5\text{ m} & 60\text{ cm} \\ \hline \end{array}$$

❸
$$\begin{array}{rrr} & 3\text{ m} & 19\text{ cm} \\ + & 5\text{ m} & 30\text{ cm} \\ \hline \end{array}$$

❹
$$\begin{array}{rrr} & 4\text{ m} & 20\text{ cm} \\ + & 2\text{ m} & 57\text{ cm} \\ \hline \end{array}$$

❺
$$\begin{array}{rrr} & 5\text{ m} & 23\text{ cm} \\ + & 3\text{ m} & 41\text{ cm} \\ \hline \end{array}$$

❻
$$\begin{array}{rrr} & 6\text{ m} & 19\text{ cm} \\ + & 4\text{ m} & 73\text{ cm} \\ \hline \end{array}$$

❼
$$\begin{array}{rrr} & 7\text{ m} & 45\text{ cm} \\ + & 9\text{ m} & 5\text{ cm} \\ \hline \end{array}$$

❽
$$\begin{array}{rrr} & 8\text{ m} & 16\text{ cm} \\ + & 4\text{ m} & 42\text{ cm} \\ \hline \end{array}$$

❾
$$\begin{array}{rrr} & 9\text{ m} & 74\text{ cm} \\ + & 8\text{ m} & 17\text{ cm} \\ \hline \end{array}$$

❿
$$\begin{array}{rrr} & 10\text{ m} & 59\text{ cm} \\ + & 6\text{ m} & 23\text{ cm} \\ \hline \end{array}$$

⑪ 2 m 50 cm+3 m 10 cm
=

⑫ 3 m 20 cm+1 m 70 cm
=

⑬ 3 m 25 cm+6 m 30 cm
=

⑭ 5 m 60 cm+2 m 38 cm
=

⑮ 6 m 22 cm+3 m 64 cm
=

⑯ 7 m 11 cm+3 m 46 cm
=

⑰ 6 m 19 cm+9 m 9 cm
=

⑱ 7 m 8 cm+4 m 81 cm
=

⑲ 8 m 35 cm+5 m 36 cm
=

⑳ 9 m 29 cm+8 m 18 cm
=

㉑ 9 m 58 cm+9 m 34 cm
=

㉒ 10 m 17 cm+5 m 48 cm
=

## 4 받아올림이 있는 길이의 합

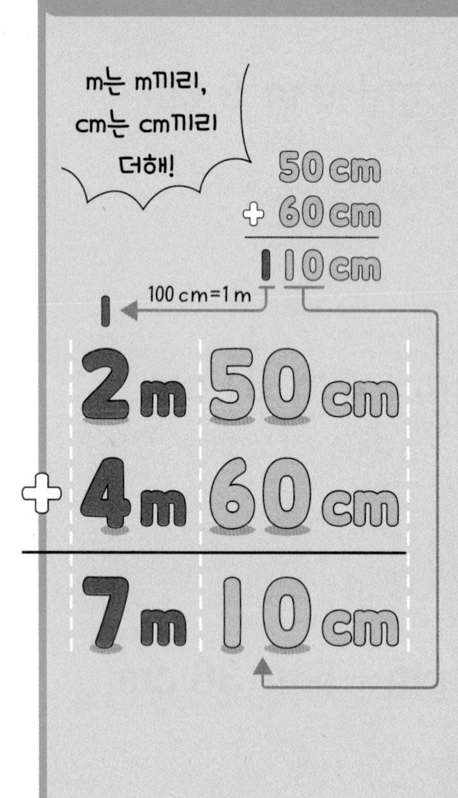


● 받아올림이 있는 길이의 합

- m는 m끼리, cm는 cm끼리 더합니다.
- cm끼리 더했을 때 100이거나 100이 넘으면 100 cm가 1 m임을 이용하여 받아올림합니다.

| | 1 | |
|---|---|---|
| | 2 m | 50 cm |
| + | 4 m | 60 cm |
| | | 10 cm |

⇩

| | 1 | |
|---|---|---|
| | 2 m | 50 cm |
| + | 4 m | 60 cm |
| | 7 m | 10 cm |

○ □ 안에 알맞은 수를 써넣으시오.

❶
| | | | | |
|---|---|---|---|---|
| | 1 | m | 60 | cm |
| + | 1 | m | 50 | cm |
| | □ | m | □ | cm |

❷
| | | | | |
|---|---|---|---|---|
| | 2 | m | 40 | cm |
| + | 2 | m | 90 | cm |
| | □ | m | □ | cm |

❸
| | | | | |
|---|---|---|---|---|
| | 4 | m | 70 | cm |
| + | 3 | m | 50 | cm |
| | □ | m | □ | cm |

❹
| | | | | |
|---|---|---|---|---|
| | 6 | m | 60 | cm |
| + | 2 | m | 80 | cm |
| | □ | m | □ | cm |

❺
| | | | | |
|---|---|---|---|---|
| | 7 | m | 80 | cm |
| + | 1 | m | 70 | cm |
| | □ | m | □ | cm |

❻
$$\begin{array}{rrrrr} & 2 & \text{m} & 40 & \text{cm} \\ + & 1 & \text{m} & 75 & \text{cm} \\ \hline & \square & \text{m} & \square & \text{cm} \end{array}$$

❼
$$\begin{array}{rrrrr} & 3 & \text{m} & 95 & \text{cm} \\ + & 4 & \text{m} & 30 & \text{cm} \\ \hline & \square & \text{m} & \square & \text{cm} \end{array}$$

❽
$$\begin{array}{rrrrr} & 4 & \text{m} & 27 & \text{cm} \\ + & 4 & \text{m} & 84 & \text{cm} \\ \hline & \square & \text{m} & \square & \text{cm} \end{array}$$

❾
$$\begin{array}{rrrrr} & 4 & \text{m} & 75 & \text{cm} \\ + & 2 & \text{m} & 65 & \text{cm} \\ \hline & \square & \text{m} & \square & \text{cm} \end{array}$$

❿
$$\begin{array}{rrrrr} & 5 & \text{m} & 62 & \text{cm} \\ + & 3 & \text{m} & 47 & \text{cm} \\ \hline & \square & \text{m} & \square & \text{cm} \end{array}$$

⓫
$$\begin{array}{rrrrr} & 5 & \text{m} & 88 & \text{cm} \\ + & 7 & \text{m} & 35 & \text{cm} \\ \hline & \square & \text{m} & \square & \text{cm} \end{array}$$

⓬
$$\begin{array}{rrrrr} & 6 & \text{m} & 49 & \text{cm} \\ + & 5 & \text{m} & 93 & \text{cm} \\ \hline & \square & \text{m} & \square & \text{cm} \end{array}$$

⓭
$$\begin{array}{rrrrr} & 7 & \text{m} & 76 & \text{cm} \\ + & 8 & \text{m} & 55 & \text{cm} \\ \hline & \square & \text{m} & \square & \text{cm} \end{array}$$

⓮
$$\begin{array}{rrrrr} & 8 & \text{m} & 36 & \text{cm} \\ + & 6 & \text{m} & 81 & \text{cm} \\ \hline & \square & \text{m} & \square & \text{cm} \end{array}$$

⓯
$$\begin{array}{rrrrr} & 9 & \text{m} & 57 & \text{cm} \\ + & 4 & \text{m} & 77 & \text{cm} \\ \hline & \square & \text{m} & \square & \text{cm} \end{array}$$

## 4 받아올림이 있는 길이의 합

○ 계산해 보시오.

❶
$$\begin{array}{rrr} & 1\text{ m} & 80\text{ cm} \\ + & 2\text{ m} & 30\text{ cm} \\ \hline \end{array}$$

❷
$$\begin{array}{rrr} & 2\text{ m} & 50\text{ cm} \\ + & 4\text{ m} & 70\text{ cm} \\ \hline \end{array}$$

❸
$$\begin{array}{rrr} & 3\text{ m} & 60\text{ cm} \\ + & 1\text{ m} & 95\text{ cm} \\ \hline \end{array}$$

❹
$$\begin{array}{rrr} & 3\text{ m} & 45\text{ cm} \\ + & 4\text{ m} & 70\text{ cm} \\ \hline \end{array}$$

❺
$$\begin{array}{rrr} & 4\text{ m} & 93\text{ cm} \\ + & 2\text{ m} & 34\text{ cm} \\ \hline \end{array}$$

❻
$$\begin{array}{rrr} & 4\text{ m} & 63\text{ cm} \\ + & 5\text{ m} & 58\text{ cm} \\ \hline \end{array}$$

❼
$$\begin{array}{rrr} & 5\text{ m} & 27\text{ cm} \\ + & 6\text{ m} & 77\text{ cm} \\ \hline \end{array}$$

❽
$$\begin{array}{rrr} & 8\text{ m} & 66\text{ cm} \\ + & 4\text{ m} & 94\text{ cm} \\ \hline \end{array}$$

❾
$$\begin{array}{rrr} & 9\text{ m} & 29\text{ cm} \\ + & 7\text{ m} & 82\text{ cm} \\ \hline \end{array}$$

❿
$$\begin{array}{rrr} & 10\text{ m} & 65\text{ cm} \\ + & 3\text{ m} & 69\text{ cm} \\ \hline \end{array}$$

⑪ 2 m 70 cm+1 m 80 cm
=

⑫ 3 m 90 cm+2 m 50 cm
=

⑬ 3 m 75 cm+3 m 40 cm
=

⑭ 4 m 80 cm+4 m 27 cm
=

⑮ 5 m 58 cm+4 m 74 cm
=

⑯ 6 m 49 cm+1 m 93 cm
=

⑰ 6 m 65 cm+5 m 75 cm
=

⑱ 7 m 78 cm+6 m 38 cm
=

⑲ 7 m 84 cm+3 m 97 cm
=

⑳ 8 m 61 cm+5 m 64 cm
=

㉑ 9 m 34 cm+2 m 99 cm
=

㉒ 10 m 36 cm+8 m 83 cm
=

# 5 받아내림이 없는 길이의 차

m는 m끼리, cm는 cm끼리 빼면 돼!

| | | |
|---|---|---|
| | 5m | 70cm |
| − | 2m | 50cm |
| | 3m | 20cm |

● 받아내림이 없는 길이의 차

m는 m끼리, cm는 cm끼리 뺍니다.

| | | |
|---|---|---|
| | 5m | 70cm |
| − | 2m | 50cm |
| | | 20cm |

⇩

| | | |
|---|---|---|
| | 5m | 70cm |
| − | 2m | 50cm |
| | 3m | 20cm |

○ □ 안에 알맞은 수를 써넣으시오.

❶
| | | | | |
|---|---|---|---|---|
| | 2 | m | 70 | cm |
| − | 1 | m | 20 | cm |
| | □ | m | □ | cm |

❷
| | | | | |
|---|---|---|---|---|
| | 3 | m | 40 | cm |
| − | 2 | m | 10 | cm |
| | □ | m | □ | cm |

❸
| | | | | |
|---|---|---|---|---|
| | 5 | m | 50 | cm |
| − | 3 | m | 40 | cm |
| | □ | m | □ | cm |

❹
| | | | | |
|---|---|---|---|---|
| | 7 | m | 80 | cm |
| − | 2 | m | 50 | cm |
| | □ | m | □ | cm |

❺
| | | | | |
|---|---|---|---|---|
| | 8 | m | 90 | cm |
| − | 5 | m | 30 | cm |
| | □ | m | □ | cm |

❻
$$\begin{array}{rrrr} & 3\ \text{m} & 45\ \text{cm} \\ - & 2\ \text{m} & 10\ \text{cm} \\ \hline & \square\ \text{m} & \square\ \text{cm} \end{array}$$

❼
$$\begin{array}{rrrr} & 4\ \text{m} & 60\ \text{cm} \\ - & 1\ \text{m} & 35\ \text{cm} \\ \hline & \square\ \text{m} & \square\ \text{cm} \end{array}$$

❽
$$\begin{array}{rrrr} & 5\ \text{m} & 84\ \text{cm} \\ - & 3\ \text{m} & 60\ \text{cm} \\ \hline & \square\ \text{m} & \square\ \text{cm} \end{array}$$

❾
$$\begin{array}{rrrr} & 5\ \text{m} & 90\ \text{cm} \\ - & 4\ \text{m} & 19\ \text{cm} \\ \hline & \square\ \text{m} & \square\ \text{cm} \end{array}$$

❿
$$\begin{array}{rrrr} & 6\ \text{m} & 58\ \text{cm} \\ - & 2\ \text{m} & 24\ \text{cm} \\ \hline & \square\ \text{m} & \square\ \text{cm} \end{array}$$

⓫
$$\begin{array}{rrrr} & 7\ \text{m} & 73\ \text{cm} \\ - & 5\ \text{m} & 38\ \text{cm} \\ \hline & \square\ \text{m} & \square\ \text{cm} \end{array}$$

⓬
$$\begin{array}{rrrr} & 7\ \text{m} & 42\ \text{cm} \\ - & 3\ \text{m} & 15\ \text{cm} \\ \hline & \square\ \text{m} & \square\ \text{cm} \end{array}$$

⓭
$$\begin{array}{rrrr} & 8\ \text{m} & 95\ \text{cm} \\ - & 6\ \text{m} & 76\ \text{cm} \\ \hline & \square\ \text{m} & \square\ \text{cm} \end{array}$$

⓮
$$\begin{array}{rrrr} & 9\ \text{m} & 36\ \text{cm} \\ - & 4\ \text{m} & 29\ \text{cm} \\ \hline & \square\ \text{m} & \square\ \text{cm} \end{array}$$

⓯
$$\begin{array}{rrrr} & 9\ \text{m} & 62\ \text{cm} \\ - & 5\ \text{m} & 51\ \text{cm} \\ \hline & \square\ \text{m} & \square\ \text{cm} \end{array}$$

## 5 받아내림이 없는 길이의 차

○ 계산해 보시오.

❶
$$\begin{array}{rrr} & 3\text{ m} & 60\text{ cm} \\ - & 1\text{ m} & 50\text{ cm} \\ \hline \end{array}$$

❷
$$\begin{array}{rrr} & 4\text{ m} & 50\text{ cm} \\ - & 3\text{ m} & 20\text{ cm} \\ \hline \end{array}$$

❸
$$\begin{array}{rrr} & 4\text{ m} & 95\text{ cm} \\ - & 2\text{ m} & 20\text{ cm} \\ \hline \end{array}$$

❹
$$\begin{array}{rrr} & 5\text{ m} & 70\text{ cm} \\ - & 4\text{ m} & 15\text{ cm} \\ \hline \end{array}$$

❺
$$\begin{array}{rrr} & 6\text{ m} & 63\text{ cm} \\ - & 3\text{ m} & 36\text{ cm} \\ \hline \end{array}$$

❻
$$\begin{array}{rrr} & 6\text{ m} & 87\text{ cm} \\ - & 2\text{ m} & 19\text{ cm} \\ \hline \end{array}$$

❼
$$\begin{array}{rrr} & 7\text{ m} & 16\text{ cm} \\ - & 5\text{ m} & 7\text{ cm} \\ \hline \end{array}$$

❽
$$\begin{array}{rrr} & 8\text{ m} & 61\text{ cm} \\ - & 8\text{ m} & 24\text{ cm} \\ \hline \end{array}$$

❾
$$\begin{array}{rrr} & 9\text{ m} & 72\text{ cm} \\ - & 6\text{ m} & 58\text{ cm} \\ \hline \end{array}$$

❿
$$\begin{array}{rrr} & 10\text{ m} & 39\text{ cm} \\ - & 4\text{ m} & 14\text{ cm} \\ \hline \end{array}$$

⑪ 2 m 90 cm－1 m 70 cm
＝

⑫ 3 m 20 cm－1 m 10 cm
＝

⑬ 3 m 60 cm－2 m 35 cm
＝

⑭ 5 m 55 cm－3 m 40 cm
＝

⑮ 6 m 81 cm－2 m 17 cm
＝

⑯ 7 m 79 cm－7 m 29 cm
＝

⑰ 7 m 82 cm－1 m 64 cm
＝

⑱ 8 m 23 cm－3 m 15 cm
＝

⑲ 8 m 97 cm－5 m 48 cm
＝

⑳ 9 m 17 cm－2 m 13 cm
＝

㉑ 9 m 42 cm－7 m 31 cm
＝

㉒ 10 m 54 cm－6 m 27 cm
＝

## 6 받아내림이 있는 길이의 차

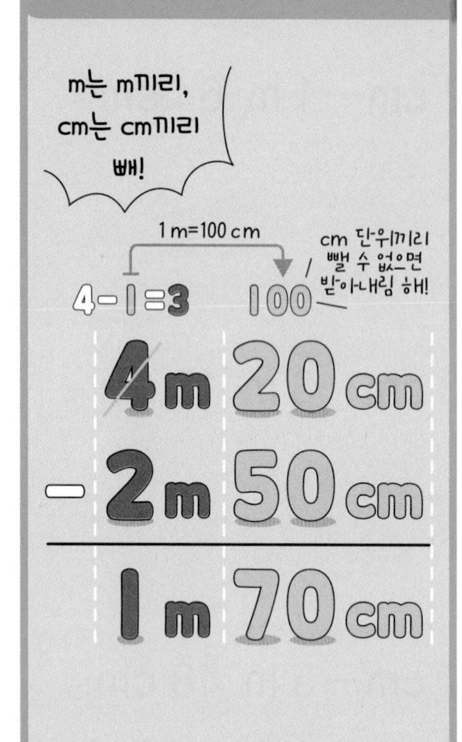


● 받아내림이 있는 길이의 차

- m는 m끼리, cm는 cm끼리 뺍니다.
- cm끼리 뺄 수 없을 때 1 m가 100 cm임을 이용하여 받아내림합니다.

| | 3 | 100 |
|---|---|---|
| | ~~4~~ m | 20 cm |
| − | 2 m | 50 cm |
| | | 70 cm |

⇩

| | 3 | 100 |
|---|---|---|
| | ~~4~~ m | 20 cm |
| − | 2 m | 50 cm |
| | 1 m | 70 cm |

○ □ 안에 알맞은 수를 써넣으시오.

❶
| | | |
|---|---|---|
| | 3 m | 30 cm |
| − | 1 m | 70 cm |
| | □ m | □ cm |

❷
| | | |
|---|---|---|
| | 4 m | 70 cm |
| − | 2 m | 90 cm |
| | □ m | □ cm |

❸
| | | |
|---|---|---|
| | 5 m | 20 cm |
| − | 1 m | 80 cm |
| | □ m | □ cm |

❹
| | | |
|---|---|---|
| | 6 m | 40 cm |
| − | 3 m | 50 cm |
| | □ m | □ cm |

❺
| | | |
|---|---|---|
| | 9 m | 10 cm |
| − | 4 m | 30 cm |
| | □ m | □ cm |

정답 • 14쪽

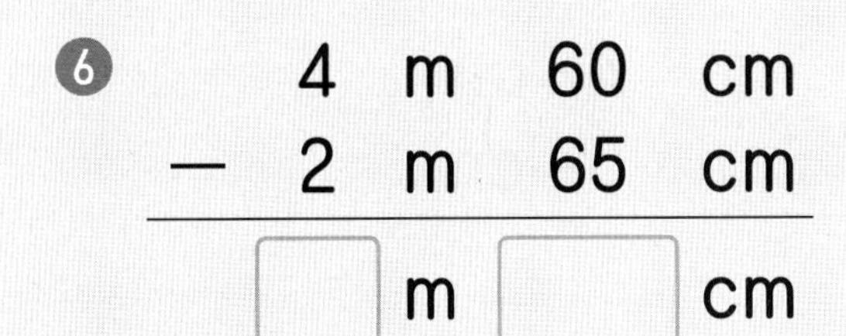

❻
  4 m 60 cm
− 2 m 65 cm
□ m □ cm

❼
  4 m 15 cm
− 1 m 70 cm
□ m □ cm

❽
  5 m 30 cm
− 3 m 52 cm
□ m □ cm

❾
  6 m 48 cm
− 2 m 80 cm
□ m □ cm

❿
  6 m 86 cm
− 1 m 92 cm
□ m □ cm

⓫
  7 m 59 cm
− 4 m 83 cm
□ m □ cm

⓬
  8 m 25 cm
− 1 m 87 cm
□ m □ cm

⓭
  8 m 71 cm
− 5 m 76 cm
□ m □ cm

⓮
  9 m 8 cm
− 3 m 49 cm
□ m □ cm

⓯
  9 m 63 cm
− 7 m 75 cm
□ m □ cm

## 6 받아내림이 있는 길이의 차

○ 계산해 보시오.

❶
$$\begin{array}{rrr} & 4\text{ m} & 10\text{ cm} \\ - & 2\text{ m} & 40\text{ cm} \\ \hline \end{array}$$

❷
$$\begin{array}{rrr} & 5\text{ m} & 60\text{ cm} \\ - & 1\text{ m} & 70\text{ cm} \\ \hline \end{array}$$

❸
$$\begin{array}{rrr} & 5\text{ m} & 80\text{ cm} \\ - & 3\text{ m} & 85\text{ cm} \\ \hline \end{array}$$

❹
$$\begin{array}{rrr} & 6\text{ m} & 35\text{ cm} \\ - & 2\text{ m} & 90\text{ cm} \\ \hline \end{array}$$

❺
$$\begin{array}{rrr} & 7\text{ m} & 33\text{ cm} \\ - & 1\text{ m} & 34\text{ cm} \\ \hline \end{array}$$

❻
$$\begin{array}{rrr} & 7\text{ m} & 42\text{ cm} \\ - & 6\text{ m} & 59\text{ cm} \\ \hline \end{array}$$

❼
$$\begin{array}{rrr} & 8\text{ m} & 34\text{ cm} \\ - & 3\text{ m} & 97\text{ cm} \\ \hline \end{array}$$

❽
$$\begin{array}{rrr} & 9\text{ m} & 8\text{ cm} \\ - & 5\text{ m} & 16\text{ cm} \\ \hline \end{array}$$

❾
$$\begin{array}{rrr} & 9\text{ m} & 55\text{ cm} \\ - & 2\text{ m} & 78\text{ cm} \\ \hline \end{array}$$

❿
$$\begin{array}{rrr} & 10\text{ m} & 29\text{ cm} \\ - & 6\text{ m} & 65\text{ cm} \\ \hline \end{array}$$

⑪ 3 m 10 cm－1 m 80 cm
＝

⑫ 4 m 40 cm－2 m 60 cm
＝

⑬ 5 m 30 cm－1 m 55 cm
＝

⑭ 6 m 15 cm－3 m 70 cm
＝

⑮ 6 m 29 cm－5 m 41 cm
＝

⑯ 7 m 64 cm－2 m 72 cm
＝

⑰ 8 m 36 cm－4 m 69 cm
＝

⑱ 8 m 81 cm－1 m 86 cm
＝

⑲ 9 m 22 cm－6 m 73 cm
＝

⑳ 9 m 59 cm－7 m 83 cm
＝

㉑ 10 m 4 cm－3 m 57 cm
＝

㉒ 11 m 86 cm－5 m 98 cm
＝

# 3 ~ 6 다르게 풀기

○ 빈칸에 알맞은 길이를 써넣으시오.

❶ +2 m 60 cm

2 m 30 cm → [ ]

2 m 30 cm+2 m 60 cm를 계산해요.

❷ +1 m 95 cm

3 m 80 cm → [ ]

❸ +3 m 12 cm

5 m 74 cm → [ ]

❹ +1 m 46 cm

8 m 98 cm → [ ]

❺ −2 m 90 cm

4 m 30 cm → [ ]

4 m 30 cm−2 m 90 cm를 계산해요.

❻ −1 m 10 cm

6 m 40 cm → [ ]

❼ −4 m 73 cm

7 m 57 cm → [ ]

❽ −5 m 38 cm

9 m 63 cm → [ ]

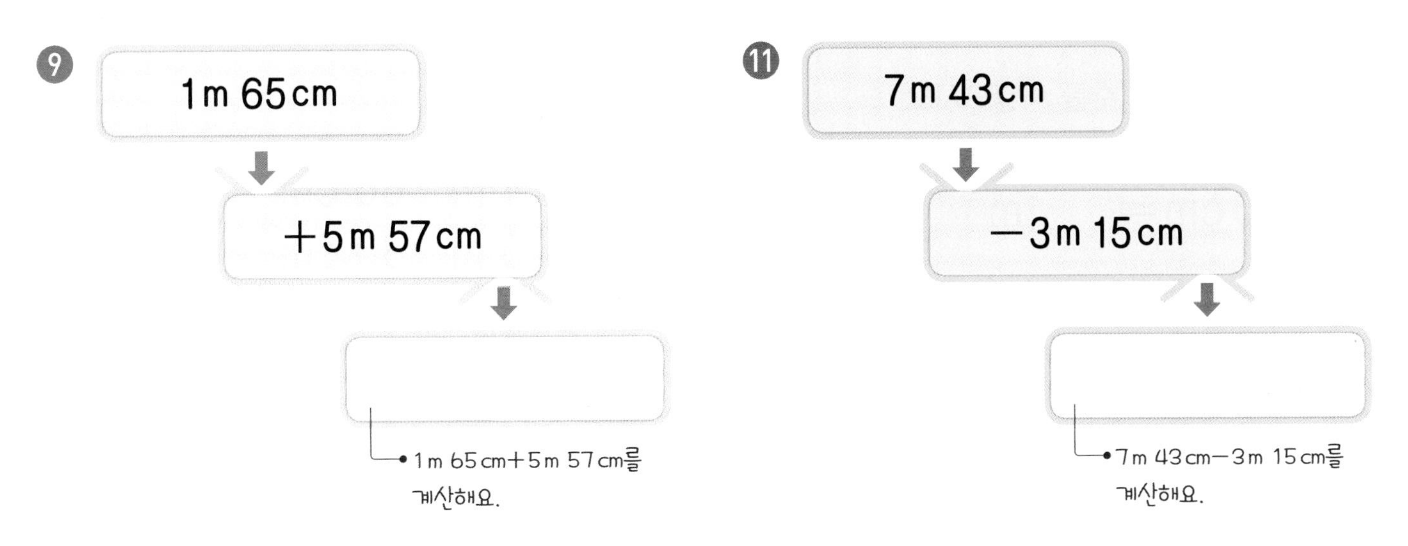


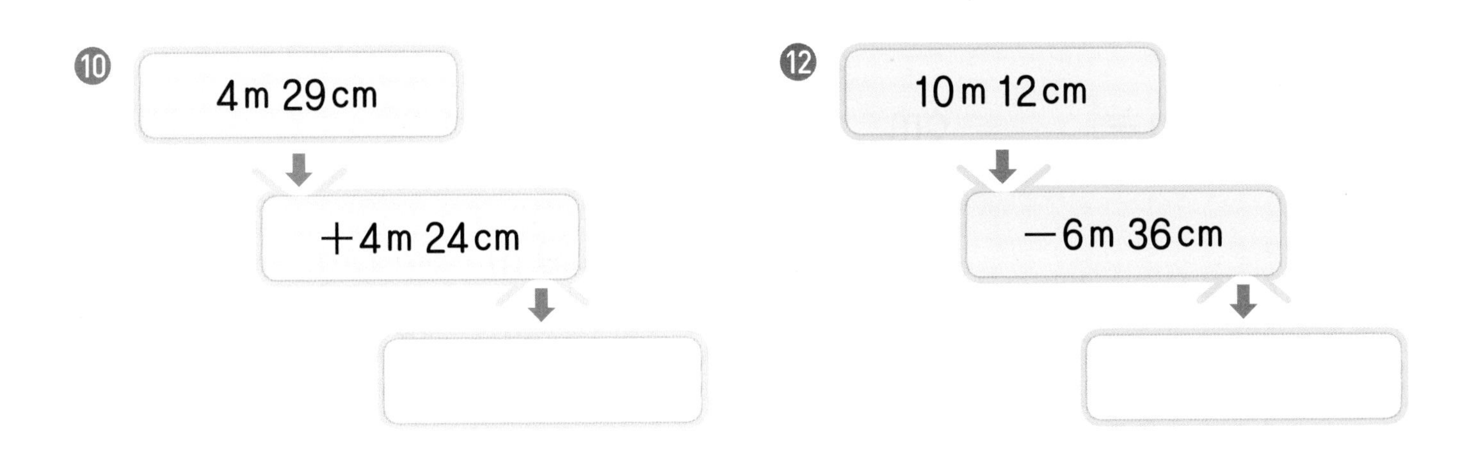


문장제 속 연산

⑬ 길이가 1 m 15 cm인 고무줄이 있습니다. 이 고무줄을 양쪽에서 잡아당겼더니 1 m 95 cm가 되었습니다. 처음보다 고무줄이 얼마나 더 늘어났는지 구해 보시오.

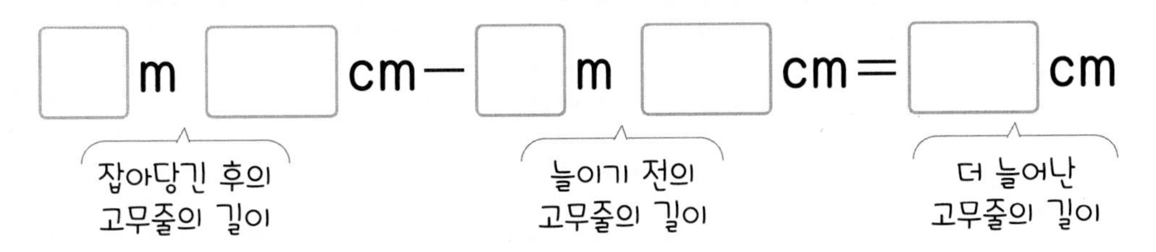

# 평가 3. 길이 재기

○ □ 안에 알맞은 수를 써넣으시오.

1 300 cm = □ m

2 525 cm = □ m □ cm

3 7 m = □ cm

4 8 m 44 cm = □ cm

○ 물건의 길이를 두 가지 방법으로 나타내 보시오.

5

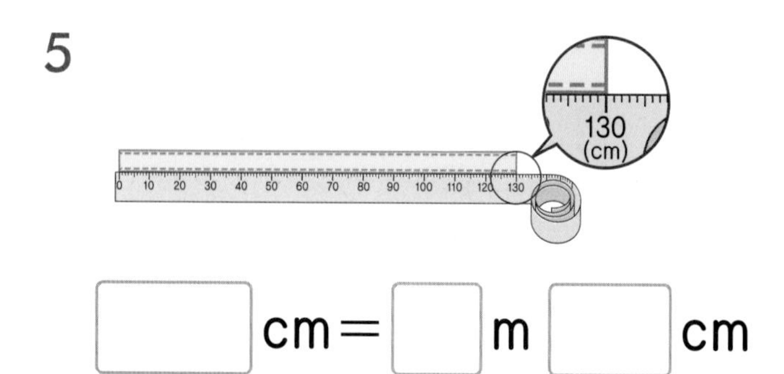


□ cm = □ m □ cm

6

170
(cm)

□ cm = □ m □ cm

○ 계산해 보시오.

7

$$\begin{array}{rrr} & 1\text{ m} & 60\text{ cm} \\ + & 5\text{ m} & 30\text{ cm} \\ \hline \end{array}$$

8

$$\begin{array}{rrr} & 3\text{ m} & 40\text{ cm} \\ + & 3\text{ m} & 80\text{ cm} \\ \hline \end{array}$$

9

$$\begin{array}{rrr} & 9\text{ m} & 94\text{ cm} \\ + & 4\text{ m} & 58\text{ cm} \\ \hline \end{array}$$

10 6 m 23 cm + 2 m 19 cm
=

11 7 m 86 cm + 8 m 48 cm
=

12
$$\begin{array}{r} 4\text{ m}\quad 70\text{ cm} \\ -\ 2\text{ m}\quad 20\text{ cm} \\ \hline \end{array}$$

13
$$\begin{array}{r} 7\text{ m}\quad 10\text{ cm} \\ -\ 3\text{ m}\quad 50\text{ cm} \\ \hline \end{array}$$

14
$$\begin{array}{r} 9\text{ m}\quad 28\text{ cm} \\ -\ 1\text{ m}\quad 56\text{ cm} \\ \hline \end{array}$$

15 5 m 98 cm − 2 m 74 cm
=

16 8 m 42 cm − 7 m 67 cm
=

○ 빈칸에 알맞은 길이를 써넣으시오.

17 2 m 50 cm → +2 m 25 cm → [ ]

18 4 m 36 cm → +3 m 78 cm → [ ]

19 6 m 90 cm → −1 m 63 cm → [ ]

20 10 m 25 cm → −6 m 83 cm → [ ]

3단원의 연산 실력을 보충하고 싶다면 **클리닉 북 17~22쪽**을 풀어 보세요.

일 월 화 수 목 금 토
1 2 3 4 5
6 7 8 9 10 11 12
13 14 15 16 17 18 19
20 21 22 23 24 25 26
27 28 29 30 31


# 시각과 시간

## 학습하는 데 걸린 시간을 작성해 봐요!

| 학습 내용 | 학습 회차 | 걸린 시간 |
|---|---|---|
| 1 5분 단위까지 몇 시 몇 분 읽기 | 1일 차 | /4분 |
| 2 1분 단위까지 몇 시 몇 분 읽기 | 2일 차 | /4분 |
| 3 몇 시 몇 분 전으로 시각 읽기 | 3일 차 | /7분 |
| 4 시간과 분 사이의 관계 | 4일 차 | /7분 |
| | 5일 차 | /9분 |
| 5 하루의 시간 | 6일 차 | /7분 |
| | 7일 차 | /9분 |
| 6 1주일, 1개월, 1년 사이의 관계 | 8일 차 | /7분 |
| | 9일 차 | /9분 |
| 평가 4. 시각과 시간 | 10일 차 | /13분 |

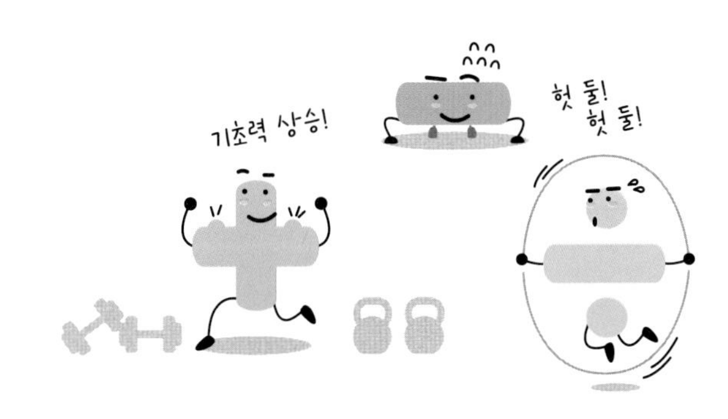

# 1 5분 단위까지 몇 시 몇 분 읽기

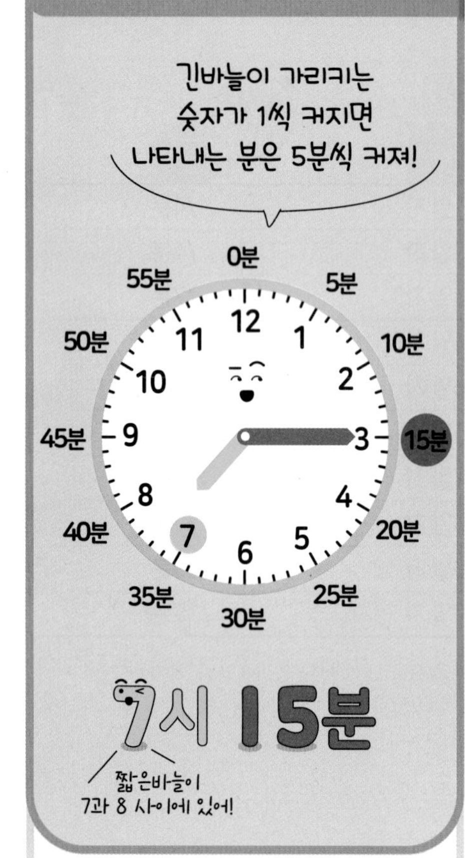


- **5분 단위까지 몇 시 몇 분 읽기**
- 시계에서 긴바늘이 가리키는 작은 눈금 한 칸은 1분을 나타냅니다.
- 시계의 긴바늘이 가리키는 숫자가 1이면 5분, 2이면 10분, 3이면 15분……을 나타냅니다.

⇨ 7시 15분

참고 전자시계에서 왼쪽의 수는 시, 오른쪽의 수는 분을 나타냅니다.

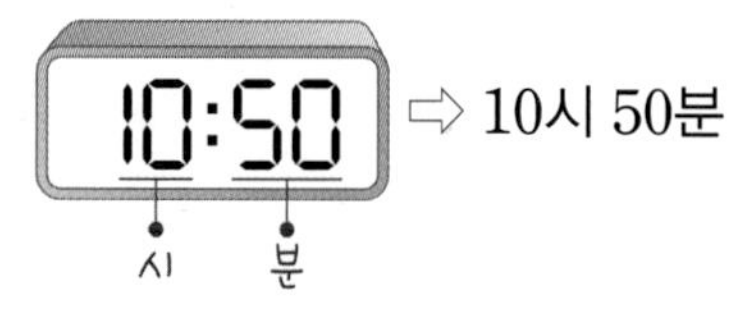


⇨ 10시 50분

○ 시각을 써 보시오.

❶

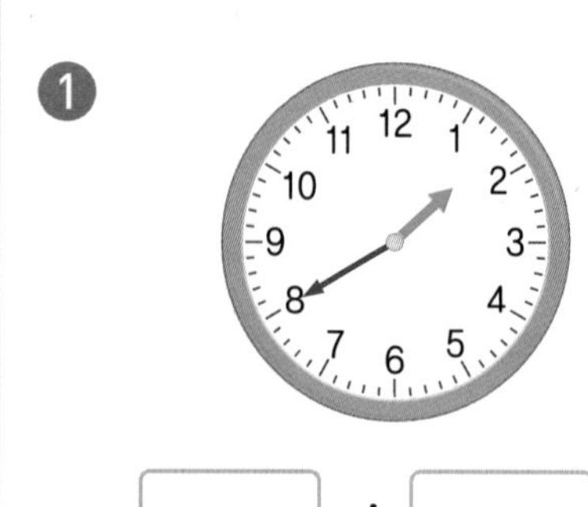

□시 □분

❷

□시 □분

❸

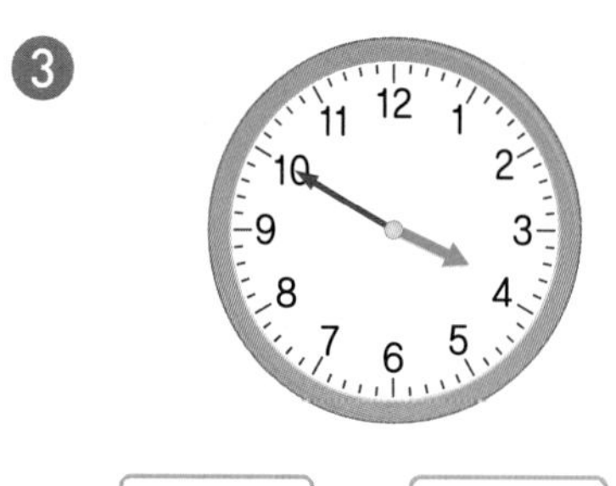

□시 □분

❹

□시 □분

❺

□시 □분

❻

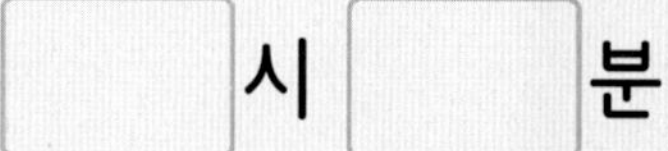

□시 □분

❼

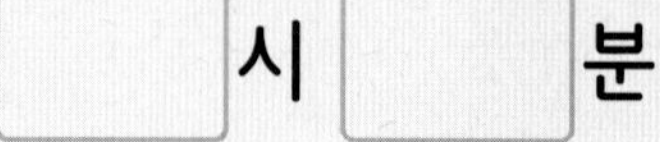

□시 □분

❽

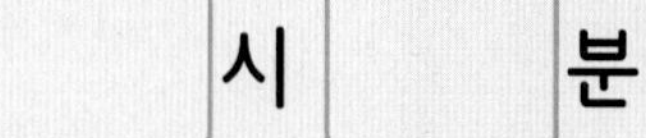

□시 □분

정답 • 15쪽

❾

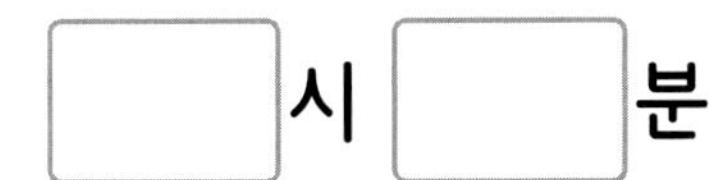

시 분

❿

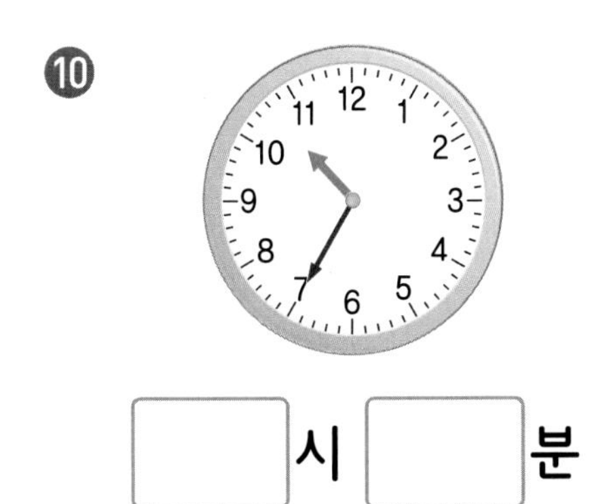

시 분

⓫

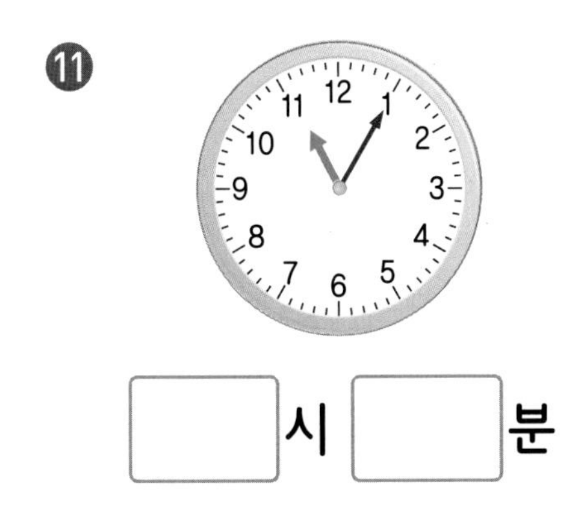

시 분

⓬

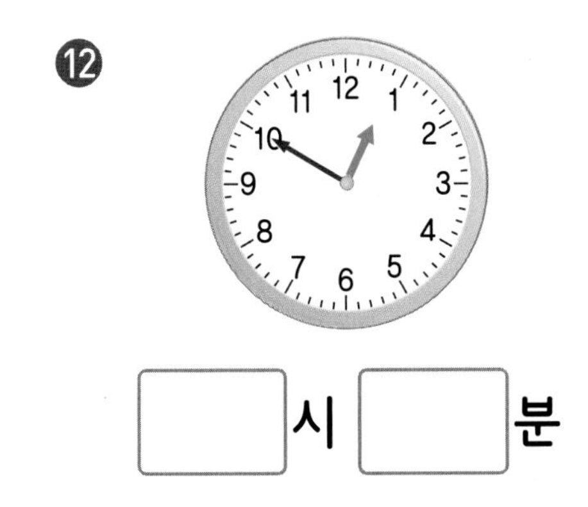

시 분

⓭ ⓮ ⓯

시 분

시 분

시 분

⓰

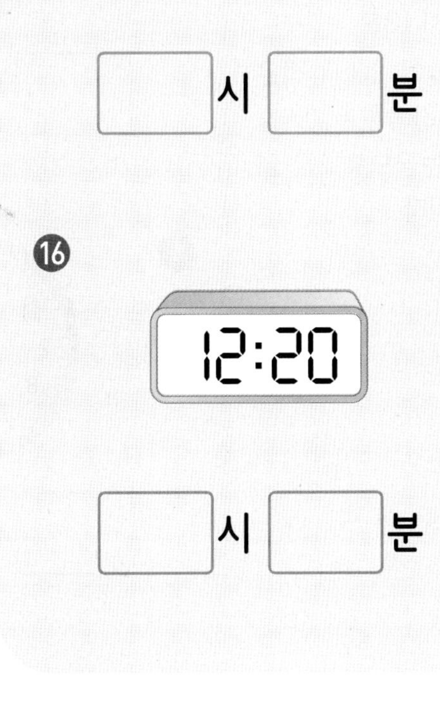


시 분

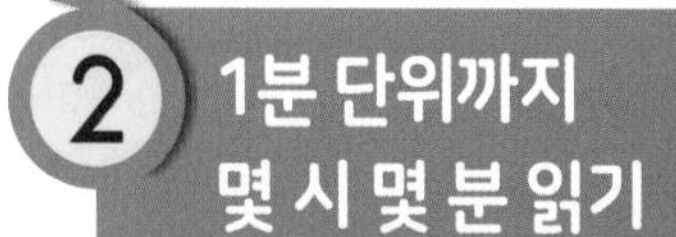

## 2 1분 단위까지 몇 시 몇 분 읽기

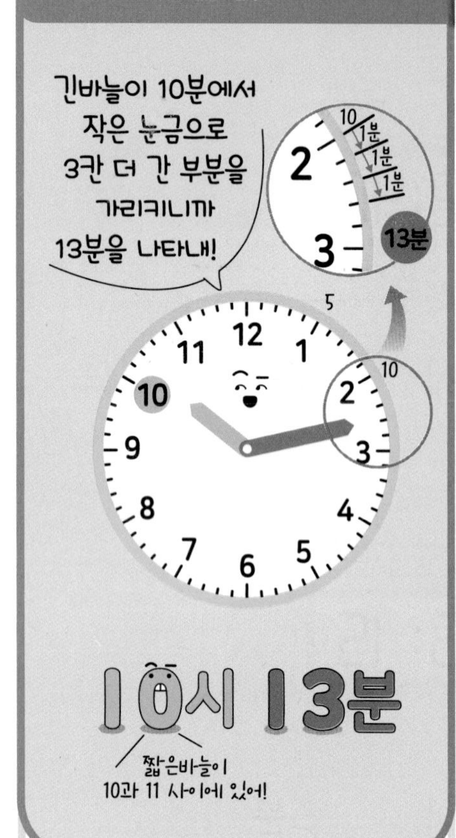


• **1분 단위까지 몇 시 몇 분 읽기**

⇨ 10시 13분

시계에서 긴바늘이 2에서 작은 눈금으로 3칸 더 간 부분은 긴바늘이 3에서 작은 눈금으로 2칸 덜 간 부분과 같습니다.

○ 시각을 써 보시오.

❶

☐시 ☐분

❷

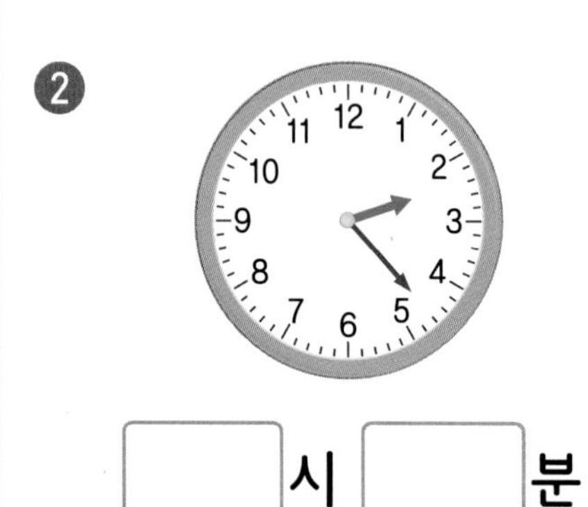

☐시 ☐분

❸

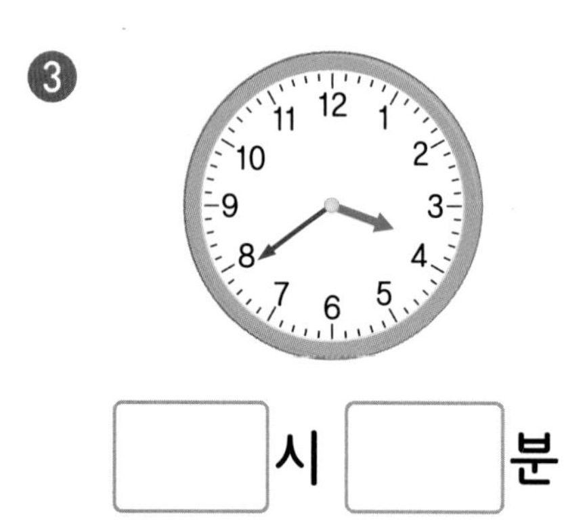

☐시 ☐분

❹

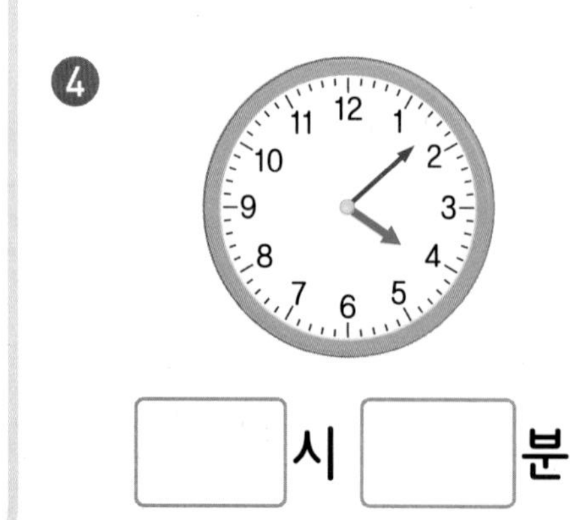

☐시 ☐분

❺

☐시 ☐분

❻

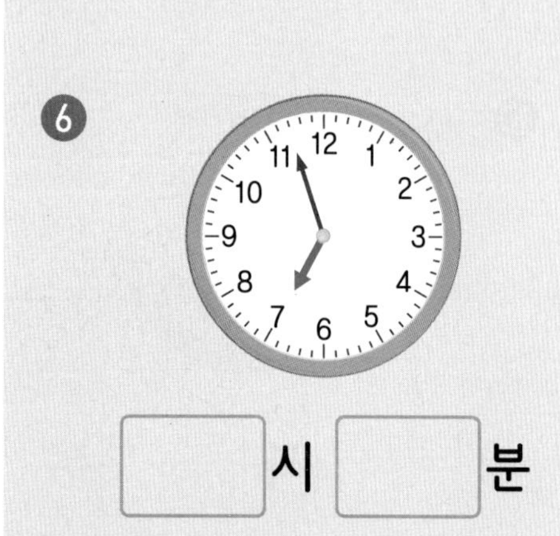

☐시 ☐분

❼

☐시 ☐분

❽

☐시 ☐분

정답 • 15쪽

[ ]시 [ ]분

⑩

[ ]시 [ ]분

⑪

[ ]시 [ ]분

⑫

[ ]시 [ ]분

⑬
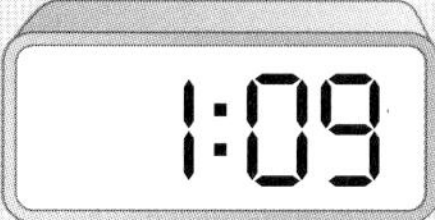


[ ]시 [ ]분

⑭

[ ]시 [ ]분

⑮

[ ]시 [ ]분

⑯

[ ]시 [ ]분

## 3 몇 시 몇 분 전으로 시각 읽기

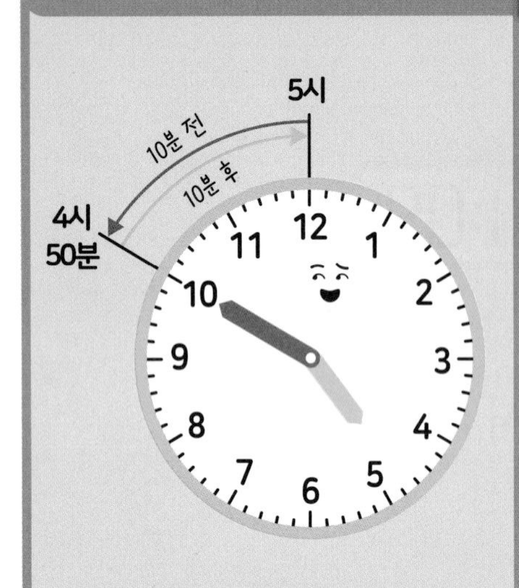


**4시 50분**
**= 5시 10분 전**

● 몇 시 몇 분 전으로 시각 읽기

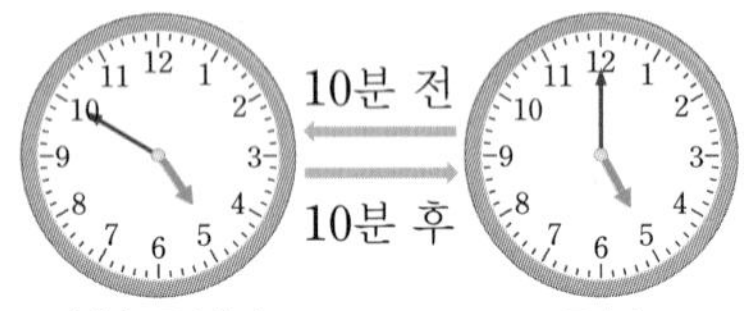


• 4시 50분은 5시가 되려면 10분이 더 지나야 합니다.

• 4시 50분은 5시가 되기 10분 전의 시각과 같으므로 **5시 10분 전**으로 나타낼 수 있습니다.

○ 시각을 두 가지로 써 보시오.

❶
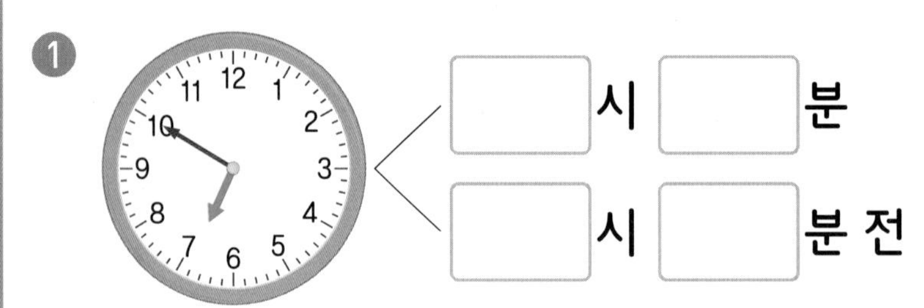


❷
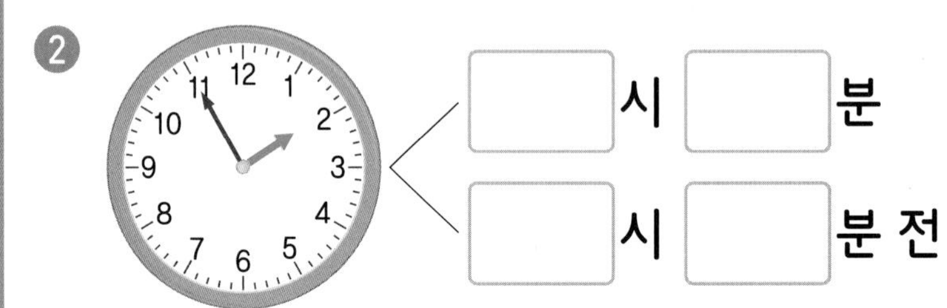


❸
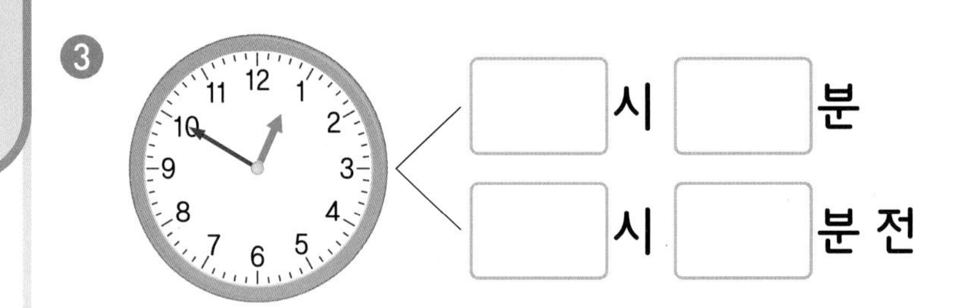


❹
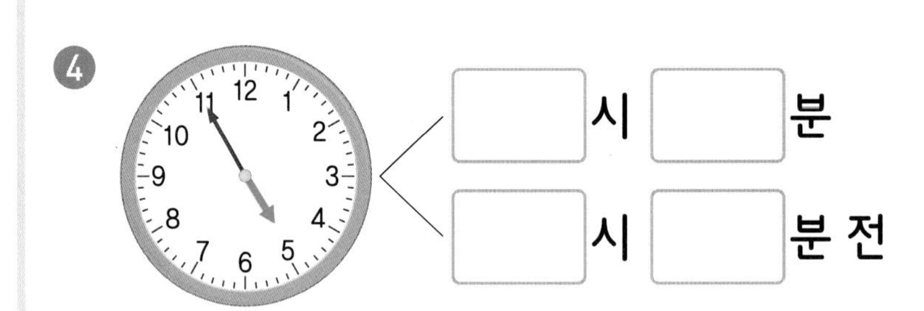


❺
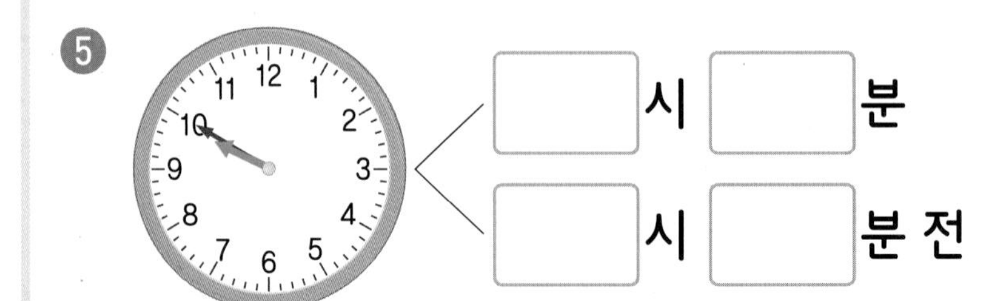

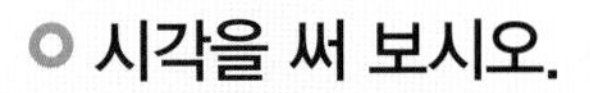

◦ 시각을 써 보시오.

6

[ ] 시 [ ] 분 전

7

[ ] 시 [ ] 분 전

8

[ ] 시 [ ] 분 전

9

[ ] 시 [ ] 분 전

10

[ ] 시 [ ] 분 전

11

[ ] 시 [ ] 분 전

12

[ ] 시 [ ] 분 전

13

[ ] 시 [ ] 분 전

# 4 시간과 분 사이의 관계

시계의 긴바늘이 한 바퀴 도는 데 60분이 걸려.

7시 10분 20분 30분 40분 50분 8시

1시간

60분=1시간

- **1시간**
- 시계의 긴바늘이 한 바퀴 도는 데 60분의 시간이 걸립니다.
- 60분은 1시간입니다.

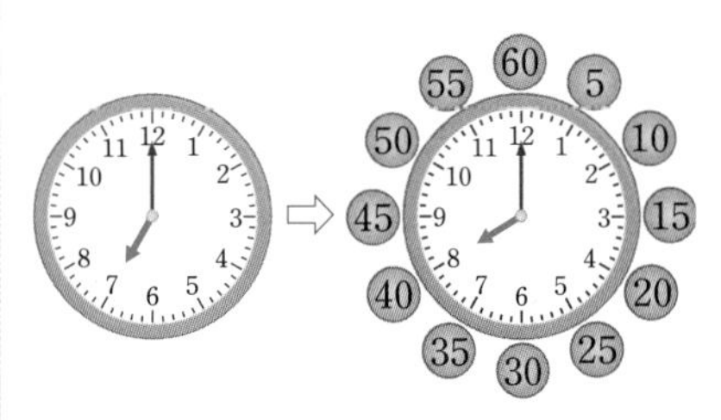


- **시간과 분 사이의 관계**

60분=1시간임을 이용합니다.

- 1시간 10분=60분+10분
  =70분
- 110분=60분+50분
  =1시간 50분

○ □ 안에 알맞은 수를 써넣으시오.

❶ 3시간=□분

❷ 4시간=□분

❸ 1시간 40분=□분

❹ 2시간 10분=□분

❺ 2시간 35분=□분

❻ 3시간 15분=□분

❼ 4시간 50분=□분

❽ 120분＝☐시간

❾ 300분＝☐시간

❿ 105분＝☐시간 ☐분

⓫ 135분＝☐시간 ☐분

⓬ 150분＝☐시간 ☐분

⓭ 185분＝☐시간 ☐분

⓮ 200분＝☐시간 ☐분

⓯ 250분＝☐시간 ☐분

⓰ 265분＝☐시간 ☐분

⓱ 330분＝☐시간 ☐분

⓲ 350분＝☐시간 ☐분

⓳ 390분＝☐시간 ☐분

⓴ 405분＝☐시간 ☐분

㉑ 455분＝☐시간 ☐분

## 4 시간과 분 사이의 관계

○ ☐ 안에 알맞은 수를 써넣으시오.

❶ 2시간=☐분

❷ 5시간=☐분

❸ 1시간 15분=☐분

❹ 1시간 49분=☐분

❺ 1시간 58분=☐분

❻ 2시간 16분=☐분

❼ 2시간 28분=☐분

❽ 3시간 4분=☐분

❾ 3시간 39분=☐분

❿ 4시간 17분=☐분

⓫ 4시간 59분=☐분

⓬ 5시간 22분=☐분

⓭ 6시간 3분=☐분

⓮ 6시간 46분=☐분

정답 • 16쪽

⑮ 180분＝☐시간

⑯ 240분＝☐시간

⑰ 95분＝☐시간 ☐분

⑱ 117분＝☐시간 ☐분

⑲ 151분＝☐시간 ☐분

⑳ 166분＝☐시간 ☐분

㉑ 192분＝☐시간 ☐분

㉒ 224분＝☐시간 ☐분

㉓ 293분＝☐시간 ☐분

㉔ 337분＝☐시간 ☐분

㉕ 358분＝☐시간 ☐분

㉖ 372분＝☐시간 ☐분

㉗ 398분＝☐시간 ☐분

㉘ 429분＝☐시간 ☐분

# 5 하루의 시간

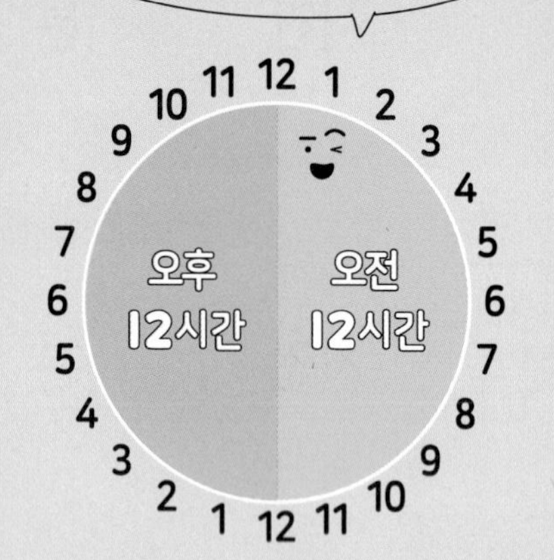


1일=24시간
하루

• 하루의 시간

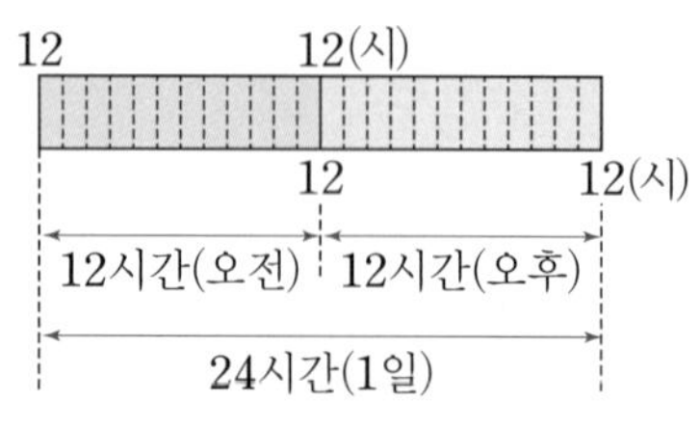


• 전날 밤 12시부터 낮 12시까지를 오전이라 합니다.
• 낮 12시부터 밤 12시까지를 오후라고 합니다.
• 하루는 24시간입니다.

• 날과 시간 사이의 관계

1일=24시간임을 이용합니다.

• 1일 6시간=24시간+6시간
=30시간
• 50시간=24시간+24시간
+2시간
=2일 2시간

○ □ 안에 알맞은 수를 써넣으시오.

❶ 2일=□시간

❷ 4일=□시간

❸ 1일 4시간=□시간

❹ 1일 21시간=□시간

❺ 2일 6시간=□시간

❻ 2일 15시간=□시간

❼ 3일 2시간=□시간

❽ 24시간= □ 일

❾ 72시간= □ 일

❿ 29시간= □ 일 □ 시간

⓫ 35시간= □ 일 □ 시간

⓬ 42시간= □ 일 □ 시간

⓭ 46시간= □ 일 □ 시간

⓮ 53시간= □ 일 □ 시간

⓯ 58시간= □ 일 □ 시간

⓰ 61시간= □ 일 □ 시간

⓱ 67시간= □ 일 □ 시간

⓲ 70시간= □ 일 □ 시간

⓳ 75시간= □ 일 □ 시간

⓴ 88시간= □ 일 □ 시간

㉑ 92시간= □ 일 □ 시간

## 5 하루의 시간

○ □ 안에 알맞은 수를 써넣으시오.

❶ 1일 = □ 시간

❷ 3일 = □ 시간

❸ 1일 7시간 = □ 시간

❹ 1일 17시간 = □ 시간

❺ 1일 23시간 = □ 시간

❻ 2일 9시간 = □ 시간

❼ 2일 11시간 = □ 시간

❽ 2일 20시간 = □ 시간

❾ 3일 7시간 = □ 시간

❿ 3일 10시간 = □ 시간

⓫ 3일 19시간 = □ 시간

⓬ 4일 1시간 = □ 시간

⓭ 4일 17시간 = □ 시간

⓮ 5일 8시간 = □ 시간

정답 • 16쪽

⑮ 48시간 = □ 일

⑯ 96시간 = □ 일

⑰ 25시간 = □ 일 □ 시간

⑱ 37시간 = □ 일 □ 시간

⑲ 43시간 = □ 일 □ 시간

⑳ 55시간 = □ 일 □ 시간

㉑ 58시간 = □ 일 □ 시간

㉒ 66시간 = □ 일 □ 시간

㉓ 73시간 = □ 일 □ 시간

㉔ 86시간 = □ 일 □ 시간

㉕ 95시간 = □ 일 □ 시간

㉖ 100시간 = □ 일 □ 시간

㉗ 119시간 = □ 일 □ 시간

㉘ 135시간 = □ 일 □ 시간

## 6 1주일, 1개월, 1년 사이의 관계

| 일 | 월 | 화 | 수 | 목 | 금 | 토 |
|---|---|---|---|---|---|---|
| 1 | 2 | 3 | 4 | 5 | 6 | 7 |
| 8 | 9 | 10 | 11 | 12 | 13 | 14 |
| 15 | 16 | 17 | 18 | 19 | 20 | 21 |
| 22 | 23 | 24 | 25 | 26 | 27 | 28 |
| 29 | 30 | | | | | |

**1주일=7일**



**1년=12개월**

- **1주일, 1년**
  - 1주일은 7일입니다.
  - 1년은 12개월입니다.
- **주일과 날 사이의 관계**

1주일=7일임을 이용합니다.

- 1주일 3일=7일+3일=10일
- 16일=7일+7일+2일
  =2주일 2일

- **년과 개월 사이의 관계**

1년=12개월임을 이용합니다.

- 1년 2개월=12개월+2개월
  =14개월
- 25개월=12개월+12개월
  +1개월
  =2년 1개월

○ □ 안에 알맞은 수를 써넣으시오.

❶ 2주일=□일

❷ 3주일=□일

❸ 5주일=□일

❹ 7일=□주일

❺ 28일=□주일

❻ 35일=□주일

❼ 49일=□주일

❽ 2년=□개월

❾ 4년=□개월

❿ 5년=□개월

⓫ 12개월=□년

⓬ 36개월=□년

⓭ 48개월=□년

⓮ 72개월=□년

⑮ 1주일 6일＝☐일

⑯ 2주일 3일＝☐일

⑰ 3주일 2일＝☐일

⑱ 4주일 4일＝☐일

⑲ 15일＝☐주일 ☐일

⑳ 34일＝☐주일 ☐일

㉑ 40일＝☐주일 ☐일

㉒ 1년 4개월＝☐개월

㉓ 2년 2개월＝☐개월

㉔ 3년 7개월＝☐개월

㉕ 4년 5개월＝☐개월

㉖ 16개월＝☐년 ☐개월

㉗ 35개월＝☐년 ☐개월

㉘ 52개월＝☐년 ☐개월

## 6 1주일, 1개월, 1년 사이의 관계

○ ☐ 안에 알맞은 수를 써넣으시오.

❶ 1주일＝☐일

❷ 4주일＝☐일

❸ 2주일 2일＝☐일

❹ 3주일 4일＝☐일

❺ 5주일 1일＝☐일

❻ 6주일 5일＝☐일

❼ 7주일 3일＝☐일

❽ 21일＝☐주일

❾ 42일＝☐주일

❿ 17일＝☐주일 ☐일

⓫ 30일＝☐주일 ☐일

⓬ 39일＝☐주일 ☐일

⓭ 48일＝☐주일 ☐일

⓮ 57일＝☐주일 ☐일

⑮ 1년 = ☐ 개월

⑯ 3년 = ☐ 개월

⑰ 1년 11개월 = ☐ 개월

⑱ 2년 6개월 = ☐ 개월

⑲ 4년 1개월 = ☐ 개월

⑳ 5년 3개월 = ☐ 개월

㉑ 6년 5개월 = ☐ 개월

㉒ 24개월 = ☐ 년

㉓ 60개월 = ☐ 년

㉔ 21개월 = ☐ 년 ☐ 개월

㉕ 42개월 = ☐ 년 ☐ 개월

㉖ 58개월 = ☐ 년 ☐ 개월

㉗ 74개월 = ☐ 년 ☐ 개월

㉘ 85개월 = ☐ 년 ☐ 개월

○ 시각을 써 보시오.

1

☐ 시 ☐ 분

2

☐ 시 ☐ 분

3

☐ 시 ☐ 분

4

☐ 시 ☐ 분

5

☐ 시 ☐ 분

6

☐ 시 ☐ 분

7

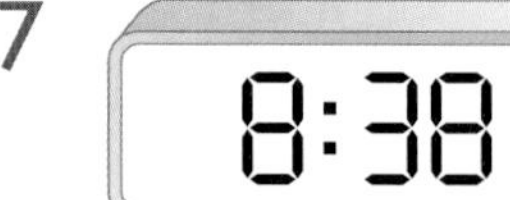


☐ 시 ☐ 분

8

☐ 시 ☐ 분 전

9

☐ 시 ☐ 분 전

○ □ 안에 알맞은 수를 써넣으시오.

10 1시간 15분 = □ 분

11 3시간 48분 = □ 분

12 134분 = □ 시간 □ 분

13 302분 = □ 시간 □ 분

14 1일 6시간 = □ 시간

15 3일 4시간 = □ 시간

16 33시간 = □ 일 □ 시간

17 60시간 = □ 일 □ 시간

18 1주일 5일 = □ 일

19 2주일 5일 = □ 일

20 27일 = □ 주일 □ 일

21 46일 = □ 주일 □ 일

22 2년 6개월 = □ 개월

23 3년 9개월 = □ 개월

24 23개월 = □ 년 □ 개월

25 50개월 = □ 년 □ 개월

4단원의 연산 실력을 보충하고 싶다면 **클리닉 북 23~28쪽**을 풀어 보세요.

# 표와 그래프

학습하는 데 걸린 시간을 작성해 봐요!

| 학습 내용 | 학습 회차 | 걸린 시간 |
| --- | --- | --- |
| 1 자료를 분류하여 표로 나타내기 | 1일 차 | /3분 |
| 2 자료를 분류하여 그래프로 나타내기 | 2일 차 | /4분 |
| 3 표와 그래프의 내용 | 3일 차 | /4분 |
| 평가 5. 표와 그래프 | 4일 차 | /10분 |

## 1 자료를 분류하여 표로 나타내기

지호네 반 학생들이 좋아하는 색깔

| 지호 | 희수 | 진우 | 태희 |
|---|---|---|---|
| 진희 | 하은 | 지연 | 태우 |

지호네 반 학생들이 좋아하는 색깔별 학생 수

| 색깔 | 주황 | 노랑 | 연두 | 합계 |
|---|---|---|---|---|
| 학생 수 (명) | 𝍸 | 𝍸 | 𝍸 | 𝍸𝍸 |
| | 4 | 2 | 2 | 8 |

자료를 보고 직접 표로 나타낼 때 '학생 수'에 𝍸 또는 正의 표시 방법을 이용하면 자료를 빠뜨리지 않고 셀 수 있어!

● 자료를 분류하여 표로 나타내기

자료를 보고 학생들이 좋아하는 운동별 학생 수를 세어 표로 나타냅니다.

소라네 모둠 학생들이 좋아하는 운동

| 이름 | 운동 | 이름 | 운동 |
|---|---|---|---|
| 소라 | 야구 | 성수 | 축구 |
| 민권 | 축구 | 지은 | 축구 |
| 수빈 | 농구 | 승민 | 야구 |

소라네 모둠 학생들이 좋아하는 운동별 학생 수

| 운동 | 야구 | 축구 | 농구 | 합계 |
|---|---|---|---|---|
| 학생 수(명) | 2 | 3 | 1 | 6 |

○ 자료를 보고 표로 나타내 보시오.

**1** 다율이네 반 학생들이 좋아하는 모양

| □ 다율 | △ 연호 | ♡ 윤경 | ☆ 민규 | ♡ 미라 |
|---|---|---|---|---|
| ♡ 인혁 | ♡ 정희 | □ 지후 | ☆ 미선 | □ 준서 |

다율이네 반 학생들이 좋아하는 모양별 학생 수

| 모양 | □ | △ | ♡ | ☆ | 합계 |
|---|---|---|---|---|---|
| 학생 수 (명) | 𝍸𝍸 | 𝍸𝍸 | 𝍸𝍸 | 𝍸𝍸 | |
| | | | | | |

**2** 태우네 반 학생들이 여행하고 싶은 나라

| 이름 | 나라 | 이름 | 나라 | 이름 | 나라 |
|---|---|---|---|---|---|
| 태우 | 미국 | 연아 | 미국 | 소희 | 프랑스 |
| 민아 | 프랑스 | 정우 | 프랑스 | 민영 | 호주 |
| 하은 | 영국 | 지송 | 영국 | 경표 | 프랑스 |
| 기현 | 프랑스 | 진리 | 프랑스 | 재혁 | 미국 |

태우네 반 학생들이 여행하고 싶은 나라별 학생 수

| 나라 | 미국 | 프랑스 | 영국 | 호주 | 합계 |
|---|---|---|---|---|---|
| 학생 수 (명) | 𝍸𝍸 | 𝍸𝍸 | 𝍸𝍸 | 𝍸𝍸 | |
| | | | | | |

**3** 주성이네 반 학생들이 좋아하는 과일

주성이네 반 학생들이 좋아하는 과일별 학생 수

| 과일 | 사과 | 바나나 | 귤 | 수박 | 딸기 | 합계 |
|---|---|---|---|---|---|---|
| 학생 수(명) | | | | | | |

**4** 지헌이네 반 학생들이 생일에 받고 싶은 선물

| 이름 | 선물 | 이름 | 선물 | 이름 | 선물 | 이름 | 선물 |
|---|---|---|---|---|---|---|---|
| 지헌 | 게임기 | 하윤 | 로봇 | 동재 | 게임기 | 현아 | 노트북 |
| 형인 | 인형 | 우재 | 자전거 | 혜주 | 인형 | 남주 | 인형 |
| 우림 | 로봇 | 세윤 | 로봇 | 재현 | 게임기 | 하영 | 게임기 |
| 미라 | 게임기 | 도원 | 게임기 | 혜정 | 로봇 | 현준 | 자전거 |

지헌이네 반 학생들이 생일에 받고 싶은 선물별 학생 수

| 선물 | 게임기 | 인형 | 로봇 | 자전거 | 노트북 | 합계 |
|---|---|---|---|---|---|---|
| 학생 수(명) | | | | | | |

## 2 자료를 분류하여 그래프로 나타내기

좋아하는 색깔별 학생 수

| 색깔 | 주황 | 노랑 | 연두 | 합계 |
|---|---|---|---|---|
| 학생 수(명) | 4 | 2 | 2 | 8 |

좋아하는 색깔별 학생 수

| 4 | ○ | | |
|---|---|---|---|
| 3 | ○ | | |
| 2 | ○ | ○ | ○ |
| 1 | ○ | ○ | ○ |
| 학생 수(명) / 색깔 | 주황 | 노랑 | 연두 |

색깔별 학생 수만큼 간단한 기호(○, ×, /)를 그려 나타낸 것을 그래프라고 해!

• 그래프로 나타내기

좋아하는 운동별 학생 수

| 운동 | 야구 | 축구 | 농구 | 합계 |
|---|---|---|---|---|
| 학생 수(명) | 2 | 3 | 1 | 6 |

① 가로에는 운동, 세로에는 학생 수를 나타냅니다.

② 가로, 세로를 3칸으로 정합니다.

③ 학생 수만큼 ○를 한 칸에 하나씩 빈칸없이 채워서 표시합니다.

④ 그래프의 제목을 씁니다.

좋아하는 운동별 학생 수

| 3 | | ○ | |
|---|---|---|---|
| 2 | ○ | ○ | |
| 1 | ○ | ○ | ○ |
| 학생 수(명) / 운동 | 야구 | 축구 | 농구 |

참고 그래프의 가로에 학생 수, 세로에 운동을 나타낼 수도 있습니다.

○ 서우네 반 학생들이 좋아하는 간식을 조사하였습니다. 물음에 답하시오.

서우네 반 학생들이 좋아하는 간식

| 서우 | 지영 | 진우 | 상미 | 진숙 |
|---|---|---|---|---|
| 석호 | 영호 | 미란 | 영주 | 호석 |
| 옥주 | 혜진 | 승범 | 예은 | 서현 |

❶ 자료를 보고 표로 나타내 보시오.

서우네 반 학생들이 좋아하는 간식별 학생 수

| 간식 | 햄버거 | 치킨 | 떡볶이 | 피자 | 합계 |
|---|---|---|---|---|---|
| 학생 수(명) | | | | | |

❷ 자료를 ○를 이용하여 그래프로 나타내 보시오.

서우네 반 학생들이 좋아하는 간식별 학생 수

| 5 | | | | |
|---|---|---|---|---|
| 4 | | | | |
| 3 | | | | |
| 2 | | | | |
| 1 | | | | |
| 학생 수(명) / 간식 | 햄버거 | 치킨 | 떡볶이 | 피자 |

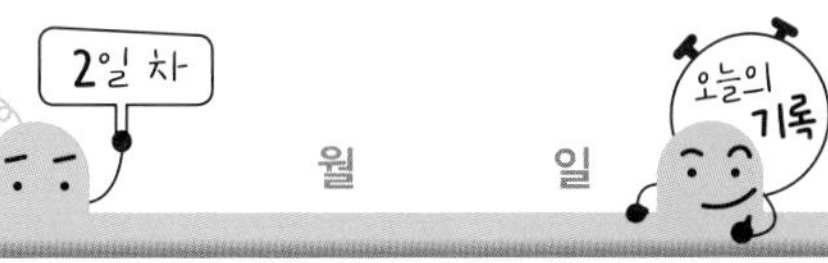




정답 • 18쪽

○ 남훈이네 반 학생들이 배우고 있는 악기를 조사하였습니다. 물음에 답하시오.

남훈이네 반 학생들이 배우고 있는 악기

| 이름 | 악기 | 이름 | 악기 | 이름 | 악기 |
|---|---|---|---|---|---|
| 남훈 | 피아노 | 보라 | 기타 | 홍빈 | 피아노 |
| 서영 | 바이올린 | 정한 | 피아노 | 가은 | 첼로 |
| 진우 | 피아노 | 승희 | 플루트 | 연지 | 바이올린 |
| 혜미 | 플루트 | 성찬 | 기타 | 민환 | 기타 |
| 지영 | 드럼 | 서준 | 바이올린 | 주혁 | 기타 |

❸ 자료를 보고 표로 나타내 보시오.

남훈이네 반 학생들이 배우고 있는 악기별 학생 수

| 악기 | 피아노 | 바이올린 | 플루트 | 드럼 | 기타 | 첼로 | 합계 |
|---|---|---|---|---|---|---|---|
| 학생 수(명) | | | | | | | |

❹ 자료를 ×를 이용하여 그래프로 나타내 보시오.

남훈이네 반 학생들이 배우고 있는 악기별 학생 수

| 4 | | | | | | |
|---|---|---|---|---|---|---|
| 3 | | | | | | |
| 2 | | | | | | |
| 1 | | | | | | |
| 학생 수(명) / 악기 | 피아노 | 바이올린 | 플루트 | 드럼 | 기타 | 첼로 |

## 3 표와 그래프의 내용

표는 항목별 수와 전체 자료의 수를 알아보기 편리해!

좋아하는 색깔별 학생 수

| 색깔 | 주황 | 노랑 | 연두 | 합계 |
|---|---|---|---|---|
| 학생 수(명) | 4 | 2 | 2 | 8 |

그래프는 종류별 수의 많고 적음을 한눈에 비교하기 쉬워!

좋아하는 색깔별 학생 수

| 4 | ○ | | |
|---|---|---|---|
| 3 | ○ | | |
| 2 | ○ | ○ | ○ |
| 1 | ○ | ○ | ○ |
| 학생 수(명) / 색깔 | 주황 | 노랑 | 연두 |

• 표의 내용 알아보기

좋아하는 운동별 학생 수

| 운동 | 야구 | 축구 | 농구 | 합계 |
|---|---|---|---|---|
| 학생 수(명) | 2 | 3 | 1 | 6 |

야구를 좋아하는 학생은 2명이고, 조사한 학생은 모두 6명입니다.

• 그래프의 내용 알아보기

좋아하는 운동별 학생 수

| 3 | | ○ | |
|---|---|---|---|
| 2 | ○ | ○ | |
| 1 | ○ | ○ | ○ |
| 학생 수(명) / 운동 | 야구 | 축구 | 농구 |

가장 많은 학생이 좋아하는 운동은 축구이고, 가장 적은 학생이 좋아하는 운동은 농구입니다.

○ 다솔이네 반 학생들이 기르고 싶은 반려동물을 조사하여 나타낸 표입니다. 물음에 답하시오.

다솔이네 반 학생들이 기르고 싶은 반려동물별 학생 수

| 반려동물 | 토끼 | 고양이 | 강아지 | 햄스터 | 합계 |
|---|---|---|---|---|---|
| 학생 수(명) | 2 | 6 | 8 | 5 | 21 |

❶ 다솔이네 반 학생은 모두 몇 명입니까?

( )

❷ 강아지를 기르고 싶은 학생은 몇 명입니까?

( )

❸ 햄스터를 기르고 싶은 학생은 몇 명입니까?

( )

❹ 가장 적은 학생이 기르고 싶은 반려동물은 무엇이고, 몇 명입니까?

( , )

○ 윤서네 반 학생들이 일주일 동안 읽은 책 수별 학생 수를 나타낸 그래프입니다. 물음에 답하시오.

윤서네 반 학생들이 일주일 동안 읽은 책 수별 학생 수

| 6 | | | | ○ | | |
|---|---|---|---|---|---|---|
| 5 | | | | ○ | | |
| 4 | ○ | | | ○ | | |
| 3 | ○ | ○ | | ○ | | |
| 2 | ○ | ○ | ○ | ○ | | ○ |
| 1 | ○ | ○ | ○ | ○ | ○ | ○ |
| 학생 수(명) / 읽은 책 수 | 1권 | 2권 | 3권 | 4권 | 5권 | 6권 |

**5** 그래프의 가로와 세로에 나타낸 것은 각각 무엇입니까?

가로 (　　　　　　), 세로 (　　　　　　)

**6** 일주일 동안 책을 2권 읽은 학생은 몇 명입니까?

(　　　　　　)

**7** 가장 많은 학생들이 일주일 동안 읽은 책 수는 몇 권이고, 몇 명입니까?

(　　　　,　　　　)

**8** 일주일 동안 책을 1권 읽은 학생은 6권 읽은 학생보다 몇 명 더 많습니까?

(　　　　　　)

○ 자료를 보고 표로 나타내 보시오.

1 좋아하는 꽃

| | | | | |
|---|---|---|---|---|
| 혜경 | 지선 | 균성 | 재혁 | 영미 |
| 희서 | 성호 | 우성 | 수란 | 경수 |

좋아하는 꽃별 학생 수

| 꽃 | 장미 | 백합 | 무궁화 | 합계 |
|---|---|---|---|---|
| 학생 수(명) | | | | |

2 필요한 학용품

| 이름 | 학용품 | 이름 | 학용품 |
|---|---|---|---|
| 민지 | 연필 | 선우 | 지우개 |
| 소라 | 풀 | 준열 | 연필 |
| 정아 | 지우개 | 은진 | 지우개 |
| 채연 | 연필 | 우진 | 연필 |
| 송희 | 자 | 상민 | 자 |

필요한 학용품별 학생 수

| 학용품 | 연필 | 풀 | 지우개 | 자 | 합계 |
|---|---|---|---|---|---|
| 학생 수(명) | | | | | |

○ 학생들이 좋아하는 색깔을 조사하였습니다. 물음에 답하시오.

좋아하는 색깔

| | | | | |
|---|---|---|---|---|
| 동영 | 신지 | 송현 | 미란 | 소희 |
| 명수 | 지현 | 소민 | 광수 | 종국 |
| 지효 | 재석 | 석진 | 홍철 | 명수 |

3 자료를 보고 표로 나타내 보시오.

좋아하는 색깔별 학생 수

| 색깔 | 빨강 | 노랑 | 초록 | 파랑 | 합계 |
|---|---|---|---|---|---|
| 학생 수(명) | | | | | |

4 자료를 ╱을 이용하여 그래프로 나타내 보시오.

좋아하는 색깔별 학생 수

| | | | | |
|---|---|---|---|---|
| 5 | | | | |
| 4 | | | | |
| 3 | | | | |
| 2 | | | | |
| 1 | | | | |
| 학생 수(명) / 색깔 | 빨강 | 노랑 | 초록 | 파랑 |

◎ 학생들의 취미를 조사하였습니다. 물음에 답하시오.

학생들의 취미

| 이름 | 취미 | 이름 | 취미 |
|---|---|---|---|
| 유진 | 운동 | 연준 | 게임 |
| 찬호 | 독서 | 수지 | 독서 |
| 원영 | 게임 | 동혁 | 여행 |
| 채연 | 게임 | 연아 | 독서 |
| 민규 | 여행 | 준하 | 게임 |

5 자료를 보고 표로 나타내 보시오.

취미별 학생 수

| 취미 | 운동 | 독서 | 게임 | 여행 | 합계 |
|---|---|---|---|---|---|
| 학생 수(명) | | | | | |

6 자료를 ○를 이용하여 그래프로 나타내 보시오.

취미별 학생 수

| 4 | | | | |
|---|---|---|---|---|
| 3 | | | | |
| 2 | | | | |
| 1 | | | | |
| 학생 수(명) / 취미 | 운동 | 독서 | 게임 | 여행 |

◎ 학생들이 좋아하는 곤충을 조사하여 나타낸 표와 그래프입니다. 물음에 답하시오.

좋아하는 곤충별 학생 수

| 곤충 | 나비 | 잠자리 | 매미 | 개미 | 합계 |
|---|---|---|---|---|---|
| 학생 수(명) | 5 | 4 | 1 | 2 | 12 |

좋아하는 곤충별 학생 수

| 5 | × | | | |
|---|---|---|---|---|
| 4 | × | | | |
| 3 | × | | | |
| 2 | × | | | × |
| 1 | × | | | × |
| 학생 수(명) / 곤충 | 나비 | 잠자리 | 매미 | 개미 |

7 표를 보고 그래프를 완성해 보시오.

8 조사한 학생은 모두 몇 명입니까?

( )

9 가장 많은 학생이 좋아하는 곤충은 무엇입니까?

( )

10 개미를 좋아하는 학생은 매미를 좋아하는 학생보다 몇 명 더 많습니까?

( )

5단원의 연산 실력을 보충하고 싶다면 클리닉 북 29~31쪽을 풀어 보세요.

# 규칙 찾기

학습하는 데 걸린 시간을 작성해 봐요!

| 학습 내용 | 학습 회차 | 걸린 시간 |
|---|---|---|
| 1 무늬에서 규칙 찾기 | 1일 차 | /6분 |
| 2 쌓은 모양에서 규칙 찾기 | 2일 차 | /6분 |
| 3 덧셈표에서 규칙 찾기 | 3일 차 | /5분 |
| 4 곱셈표에서 규칙 찾기 | 4일 차 | /5분 |
| 평가 6. 규칙 찾기 | 5일 차 | /10분 |

## 1 무늬에서 규칙 찾기

• 무늬에서 규칙 찾기

• ●, ♥ 가 반복됩니다.
• → 방향으로 연두색, 파란색이 반복됩니다.

연두색으로 색칠되어 있는 부분이 시계 방향으로 돌아가고 있습니다.

○ 규칙을 찾아 빈칸을 알맞게 채우시오.

❶

❷

❸

❹

정답 • 19쪽

○ 규칙을 찾아 ☐ 안에 알맞은 모양을 그려 넣고 규칙을 써 보시오.

**5**

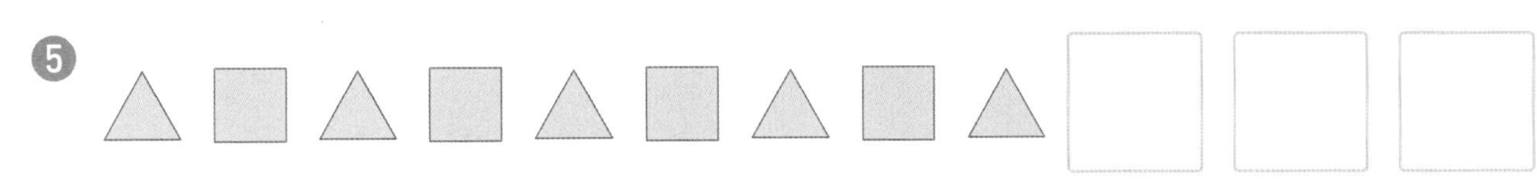

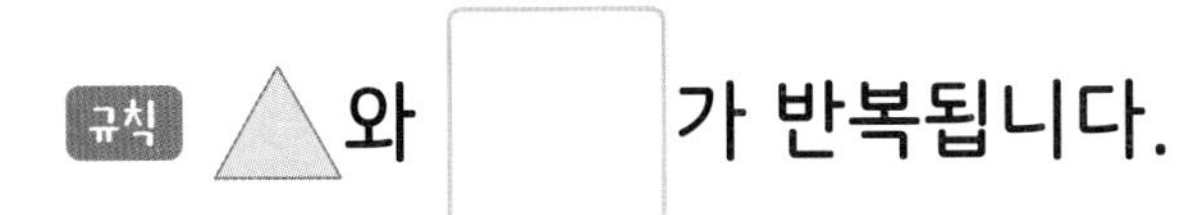

규칙 △와 ☐ 가 반복됩니다.

**6**

규칙 ◇, ☐, ☐ 가 반복됩니다.

○ 규칙을 찾아 빈칸을 알맞게 채우고, 알맞은 말에 ○표 하시오.

**7**

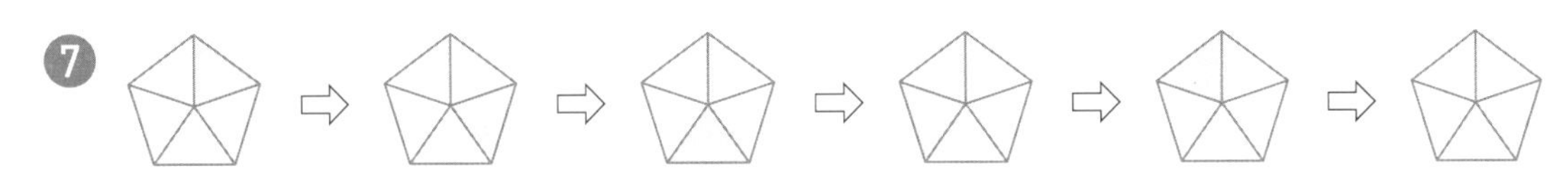

규칙 색칠된 부분이 ( 시계 방향 , 시계 반대 방향 )으로 돌아가고 있습니다.

**8**

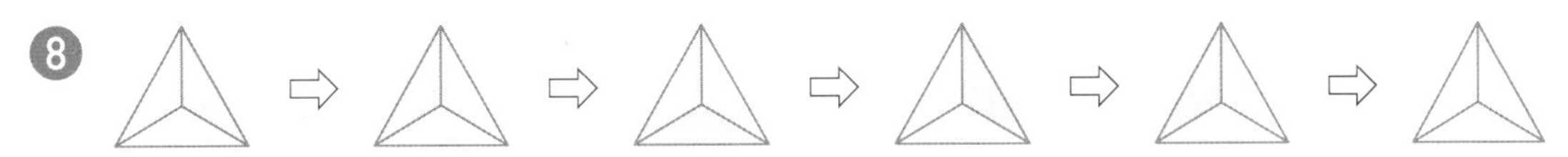

규칙 색칠된 부분이 ( 시계 방향 , 시계 반대 방향 )으로 돌아가고 있습니다.

## 2 쌓은 모양에서 규칙 찾기

- 쌓은 모양에서 규칙 찾기

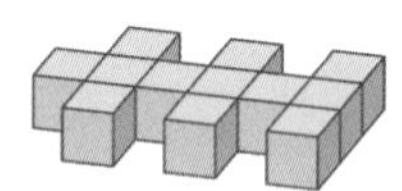

- 쌓기나무의 수가 왼쪽에서 오른쪽으로 1개, 3개씩 반복됩니다.

○ 쌓기나무로 쌓은 모양에서 규칙을 찾아 써 보시오.

❶

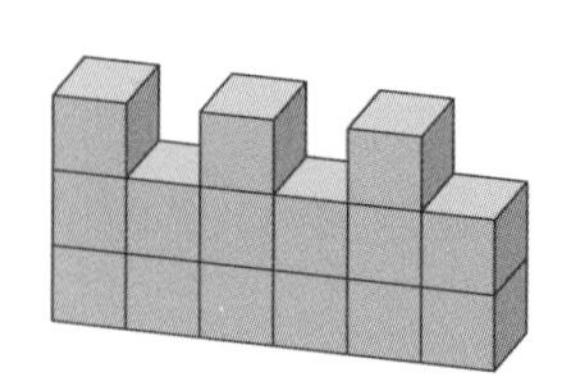

규칙 쌓기나무의 수가 왼쪽에서 오른쪽으로 ☐개, ☐개씩 반복됩니다.

❷

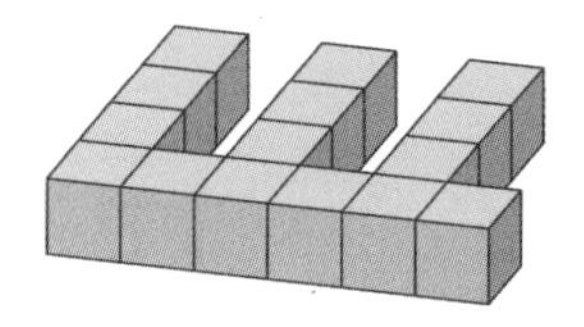

규칙 쌓기나무의 수가 왼쪽에서 오른쪽으로 ☐개, ☐개씩 반복됩니다.

❸

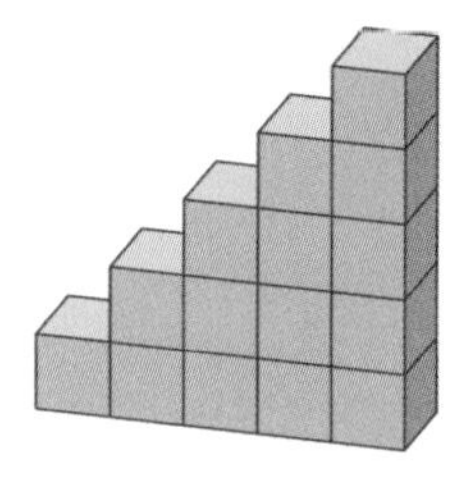

규칙 쌓기나무의 수가 왼쪽에서 오른쪽으로 ☐개씩 늘어나고 있습니다.

❹ 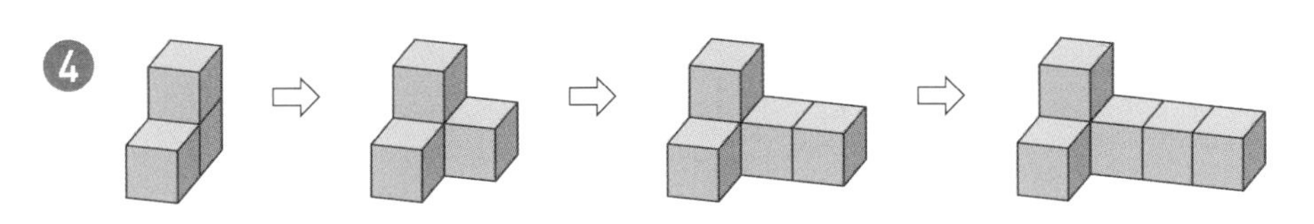

규칙 쌓기나무가 오른쪽으로 ☐개씩 늘어나고 있습니다.

❺ 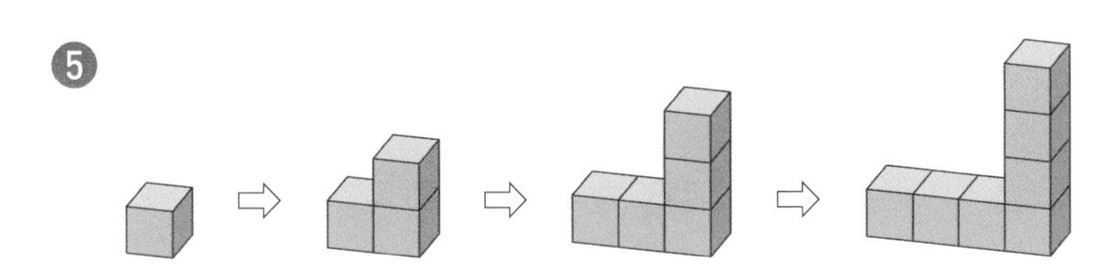

규칙 쌓기나무가 왼쪽과 위로 각각 ☐개씩 늘어나고 있습니다.

❻ 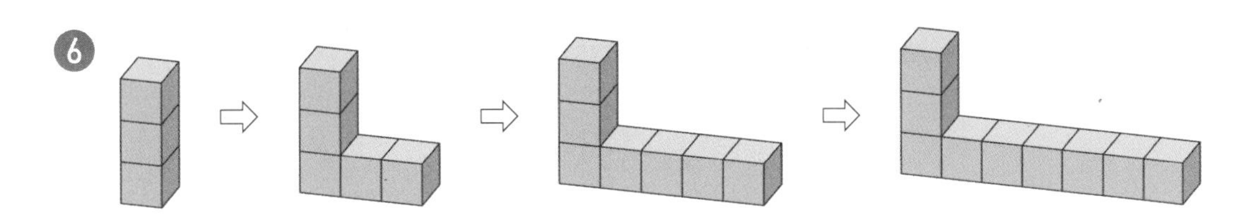

규칙 쌓기나무가 오른쪽으로 ☐개씩 늘어나고 있습니다.

❼ 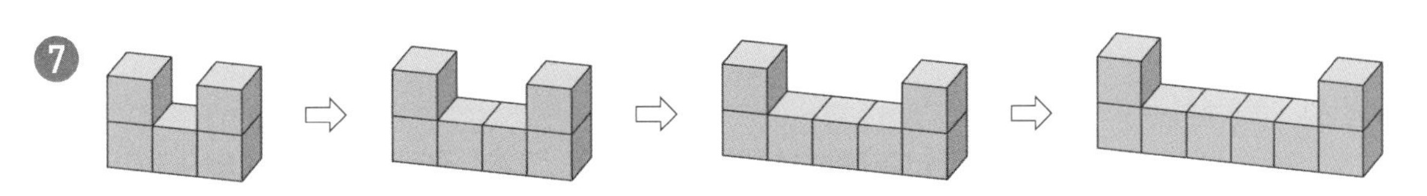

규칙 1층의 가운데 쌓기나무가 ☐개씩 늘어나고 있습니다.

## 3 덧셈표에서 규칙 찾기

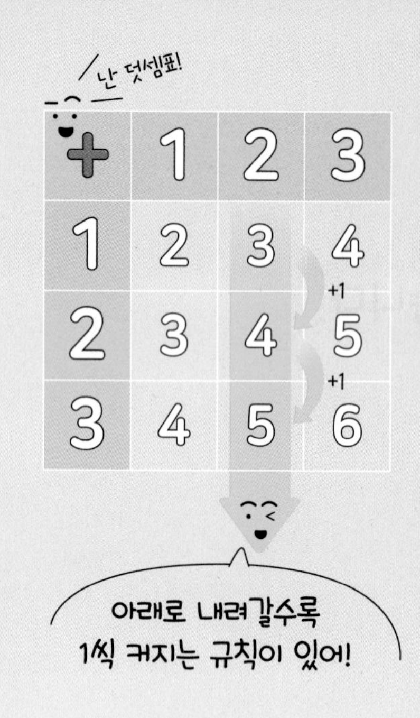


● 덧셈표에서 규칙 찾기

| + | 1 | 2 | 3 | 4 |
|---|---|---|---|---|
| 1 | 2 | 3 | 4 | 5 |
| 2 | 3 | 4 | 5 | 6 |
| 3 | 4 | 5 | 6 | 7 |
| 4 | 5 | 6 | 7 | 8 |

- ▭ 으로 칠해진 수에는 오른쪽으로 갈수록 1씩 커지는 규칙이 있습니다.
- ▭ 으로 칠해진 수에는 아래로 내려갈수록 1씩 커지는 규칙이 있습니다.
- ↘ 방향으로 갈수록 2씩 커지는 규칙이 있습니다.
- ↙ 방향으로 같은 수들이 있습니다.

○ 덧셈표를 보고 물음에 답하시오.

| + | 0 | 1 | 2 | 3 | 4 | 5 |
|---|---|---|---|---|---|---|
| 0 | 0 | 1 | 2 | 3 | | |
| 1 | 1 | 2 | 3 | 4 | | |
| 2 | 2 | 3 | 4 | 5 | 6 | 7 |
| 3 | 3 | 4 | 5 | 6 | 7 | 8 |
| 4 | 4 | 5 | 6 | | | 9 |
| 5 | | 6 | | 8 | | |

❶ 덧셈표의 빈칸에 알맞은 수를 써넣으시오.

❷ ▭ 으로 칠해진 수의 규칙을 찾아 써 보시오.

규칙 오른쪽으로 갈수록 ☐ 씩 커지는 규칙이 있습니다.

❸ ▭ 으로 칠해진 수의 규칙을 찾아 써 보시오.

규칙 아래로 내려갈수록 ☐ 씩 커지는 규칙이 있습니다.

❹ ▭ 으로 칠해진 수의 규칙을 찾아 써 보시오.

규칙 ↘ 방향으로 갈수록 ☐ 씩 커지는 규칙이 있습니다.

○ 덧셈표를 완성하고 ▒ 으로 칠해진 수의 규칙을 찾아 써 보시오.

❺

| + | 5 | 6 | 7 | 8 |
|---|---|---|---|---|
| 1 | 6 | 7 | 8 | |
| 2 | 7 | 8 | 9 | 10 |
| 3 | 8 | 9 | | |
| 4 | 9 | | 11 | |

규칙 오른쪽으로 갈수록 ☐ 씩 커지는 규칙이 있습니다.

❼

| + | 3 | 5 | 7 | 9 |
|---|---|---|---|---|
| 7 | 10 | 12 | 14 | 16 |
| 8 | 11 | | 15 | 17 |
| 9 | 12 | 14 | | |
| 10 | 13 | 15 | | |

규칙 ↙ 방향으로 갈수록 ☐ 씩 작아지는 규칙이 있습니다.

❻

| + | 1 | 2 | 3 | 4 |
|---|---|---|---|---|
| 2 | 3 | | 5 | 6 |
| 4 | | 6 | 7 | |
| 6 | 7 | 8 | 9 | |
| 8 | | 10 | 11 | 12 |

규칙 아래로 내려갈수록 ☐ 씩 커지는 규칙이 있습니다.

❽

| + | 2 | 4 | 6 | 8 |
|---|---|---|---|---|
| 1 | 3 | 5 | 7 | 9 |
| 3 | 5 | 7 | | 11 |
| 5 | | 9 | 11 | |
| 7 | | 11 | | 15 |

규칙 ↘ 방향으로 갈수록 ☐ 씩 커지는 규칙이 있습니다.

# 4 곱셈표에서 규칙 찾기

● 곱셈표에서 규칙 찾기

| × | 1 | 2 | 3 | 4 |
|---|---|---|---|---|
| 1 | 1 | 2 | 3 | 4 |
| 2 | 2 | 4 | 6 | 8 |
| 3 | 3 | 6 | 9 | 12 |
| 4 | 4 | 8 | 12 | 16 |

- ▭ 으로 칠해진 수들은 오른쪽으로 갈수록 3씩 커지는 규칙이 있습니다.
- ▭ 으로 칠해진 수들은 아래로 내려갈수록 2씩 커지는 규칙이 있습니다.
- 2단, 4단 곱셈구구에 있는 수는 모두 짝수입니다.
  - 짝수: 둘씩 짝을 지을 때 남는 것이 없는 수

○ 곱셈표를 보고 물음에 답하시오.

| × | 1 | 2 | 3 | 4 | 5 | 6 |
|---|---|---|---|---|---|---|
| 1 | 1 | 2 | 3 | 4 | 5 | |
| 2 | 2 | 4 | | 8 | | 12 |
| 3 | 3 | 6 | 9 | 12 | | |
| 4 | 4 | 8 | 12 | 16 | 20 | 24 |
| 5 | 5 | | 15 | 20 | 25 | |
| 6 | 6 | 12 | | | | 36 |

❶ 곱셈표의 빈칸에 알맞은 수를 써넣으시오.

❷ ▭ 으로 칠해진 수의 규칙을 찾아 써 보시오.

규칙 오른쪽으로 갈수록 ☐ 씩 커지는 규칙이 있습니다.

❸ ▭ 으로 칠해진 곳과 규칙이 같은 곳을 찾아 색칠해 보시오.

❹ 규칙을 찾아 알맞은 말에 ○표 하시오.

규칙 6단 곱셈구구에 있는 수는 모두 ( 홀수 , 짝수 ) 입니다.

정답 • 20쪽

○ 곱셈표를 완성하고 [ ] 으로 칠해진 수의 규칙을 찾아 써 보시오.

❺

| × | 1 | 2 | 3 | 4 |
|---|---|---|---|---|
| 2 | 2 | 4 | 6 | |
| 3 | 3 | 6 | 9 | 12 |
| 4 | 4 | 8 | | |
| 5 | 5 | | 15 | |

규칙 오른쪽으로 갈수록 [ ] 씩 커지는 규칙이 있습니다.

❻

| × | 5 | 6 | 7 | 8 |
|---|---|---|---|---|
| 6 | 30 | 36 | | 48 |
| 7 | 35 | | 49 | 56 |
| 8 | 40 | 48 | | 64 |
| 9 | 45 | | | 72 |

규칙 아래로 내려갈수록 [ ] 씩 커지는 규칙이 있습니다.

○ 곱셈표를 완성하고 규칙을 찾아 알맞은 말에 ◯표 하시오.

❼

| × | 2 | 4 | 6 | 8 |
|---|---|---|---|---|
| 4 | 8 | 16 | | |
| 5 | 10 | 20 | | 40 |
| 6 | 12 | | 36 | |
| 7 | 14 | 28 | 42 | 56 |

규칙 곱셈표에 있는 수들은 모두 ( 홀수 , 짝수 )입니다.

❽

| × | 3 | 5 | 7 | 9 |
|---|---|---|---|---|
| 3 | 9 | 15 | 21 | 27 |
| 5 | 15 | 25 | 35 | 45 |
| 7 | 21 | 35 | | |
| 9 | | 45 | | |

규칙 곱셈표에 있는 수들은 모두 ( 홀수 , 짝수 )입니다.

# 6. 규칙 찾기

○ 규칙을 찾아 빈칸을 알맞게 채우시오.

1

| | | | | |
|---|---|---|---|---|
| ▽ | □ | ▽ | □ | ▽ |
| □ | ▽ | □ | | □ |
| ▽ | □ | | | |
| □ | ▽ | □ | | |

2

| | | | | |
|---|---|---|---|---|
| ● | △ | ★ | ● | △ |
| ★ | ● | △ | ★ | ● |
| | ★ | | | ★ |
| ● | △ | | | |

3 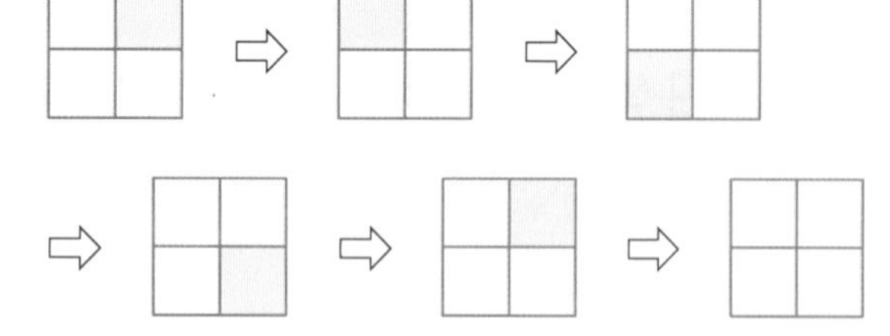

○ 쌓기나무로 쌓은 모양에서 규칙을 찾아 써 보시오.

4 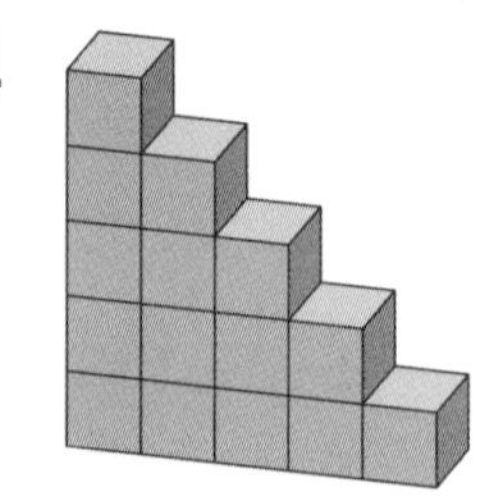

규칙 쌓기나무의 수가 왼쪽에서 오른쪽으로 □ 개씩 줄어들고 있습니다.

5 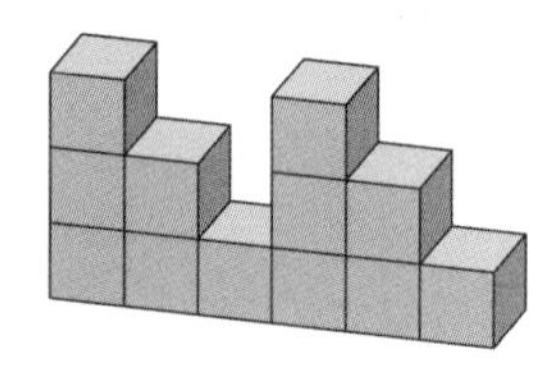

규칙 쌓기나무의 수가 왼쪽에서 오른쪽으로 □ 개, □ 개, □ 개씩 반복됩니다.

6 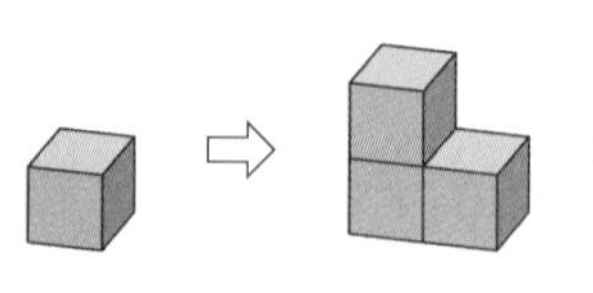 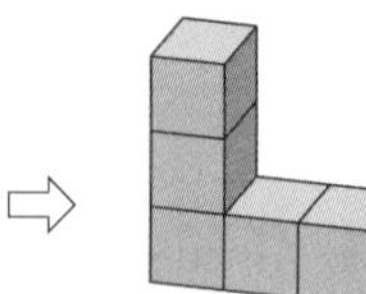

규칙 쌓기나무가 위와 오른쪽으로 각각 □ 개씩 늘어나고 있습니다.

○ 덧셈표를 완성하고 으로 칠해진 수의 규칙을 찾아 써 보시오.

7

| + | 1 | 3 | 5 | 7 |
| --- | --- | --- | --- | --- |
| 2 | 3 | 5 | 7 | 9 |
| 3 | 4 |  | 8 |  |
| 4 | 5 | 7 |  | 11 |
| 5 | 6 |  | 10 |  |

규칙 아래로 내려갈수록 ☐ 씩 커지는 규칙이 있습니다.

8

| + | 6 | 7 | 8 | 9 |
| --- | --- | --- | --- | --- |
| 4 | 10 |  | 12 | 13 |
| 6 | 12 | 13 | 14 |  |
| 8 | 14 | 15 | 16 |  |
| 10 | 16 | 17 |  |  |

규칙 ↘ 방향으로 갈수록 ☐ 씩 커지는 규칙이 있습니다.

○ 곱셈표를 완성하고 으로 칠해진 수의 규칙을 찾아 써 보시오.

9

| × | 2 | 3 | 4 | 5 |
| --- | --- | --- | --- | --- |
| 1 | 2 | 3 | 4 | 5 |
| 2 | 4 | 6 | 8 |  |
| 3 | 6 | 9 |  | 15 |
| 4 | 8 |  |  |  |

규칙 오른쪽으로 갈수록 ☐ 씩 커지는 규칙이 있습니다.

10

| × | 1 | 3 | 5 | 7 |
| --- | --- | --- | --- | --- |
| 2 | 2 | 6 | 10 | 14 |
| 4 | 4 | 12 |  |  |
| 6 | 6 | 18 |  | 42 |
| 8 | 8 |  | 40 |  |

규칙 위로 올라갈수록 ☐ 씩 작아지는 규칙이 있습니다.

6단원의 연산 실력을 보충하고 싶다면 **클리닉 북 33~36쪽**을 풀어 보세요.

memo

슥삭!
슥삭!

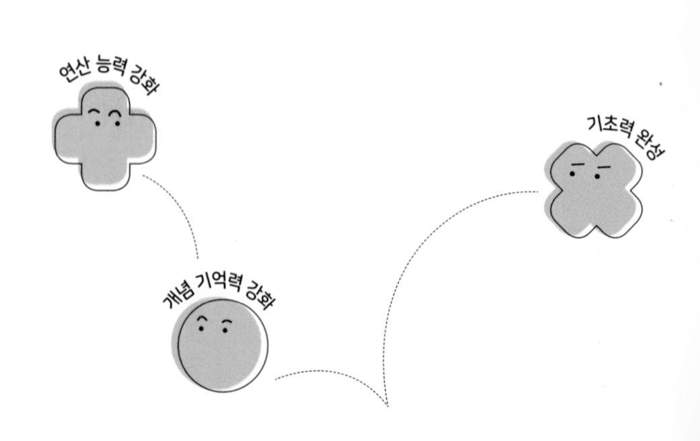

# 개념+연산

# 클리닉 북

「메인 북」에서 단원별 평가 후 부족한 연산력은 「클리닉 북」에서 보완합니다.

# 차례 2-2

# 몇천

정답 • 22쪽

○ 빈칸에 알맞은 수나 말을 써넣으시오.

❶ 
4000 | 읽기

❷ 
삼천 | 쓰기

❸ 
6000

❹ 
오천

❺ 
9000

❻ 
팔천

○  안에 알맞은 수를 써넣으시오.

❼ 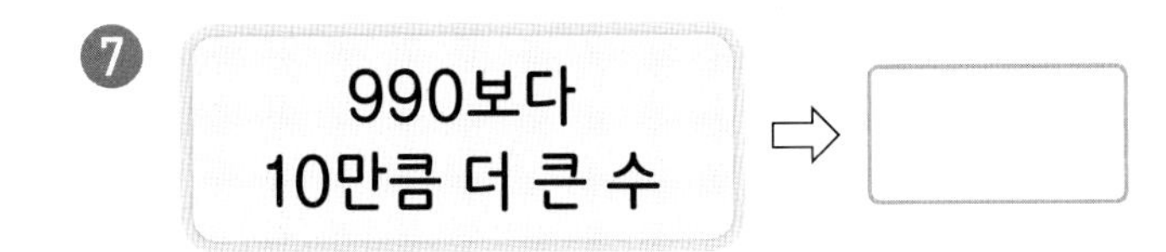
990보다 10만큼 더 큰 수 ⇨ □

❽ 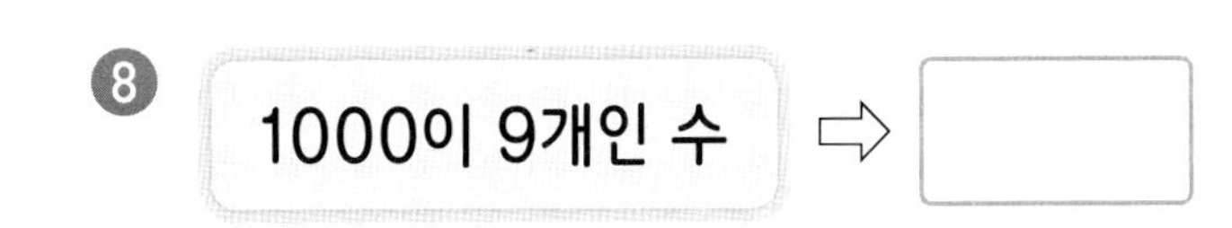
1000이 9개인 수 ⇨ □

❾ 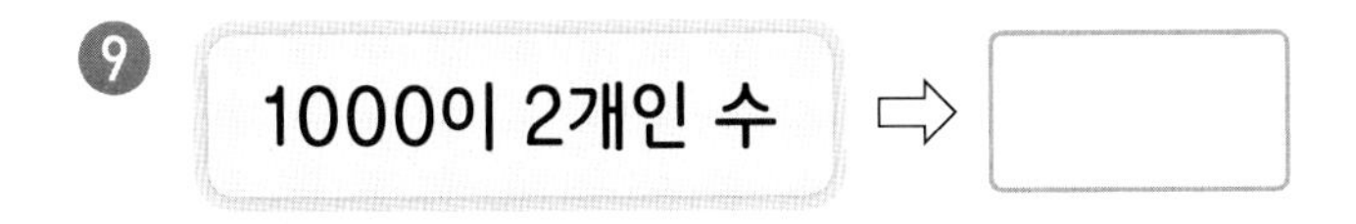
1000이 2개인 수 ⇨ □

❿ 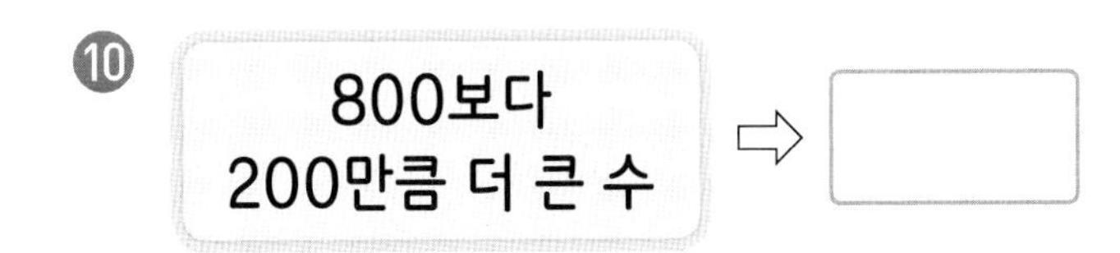
800보다 200만큼 더 큰 수 ⇨ □

⓫ 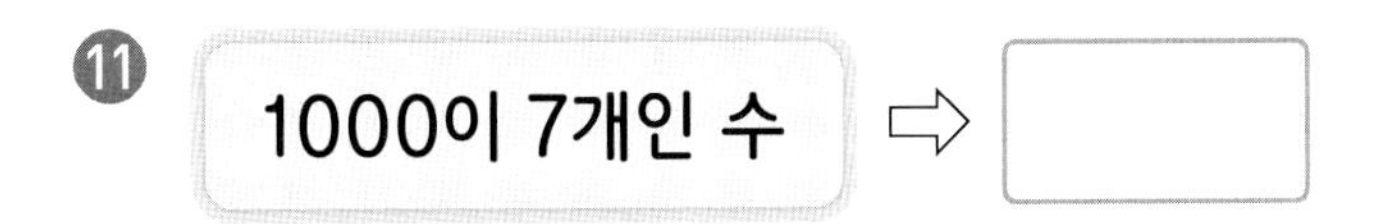
1000이 7개인 수 ⇨ □

⓬ 100이 60개인 수 ⇨ □

## 2 네 자리 수

정답 • 22쪽

○ □ 안에 알맞은 수를 써넣으시오.

❶

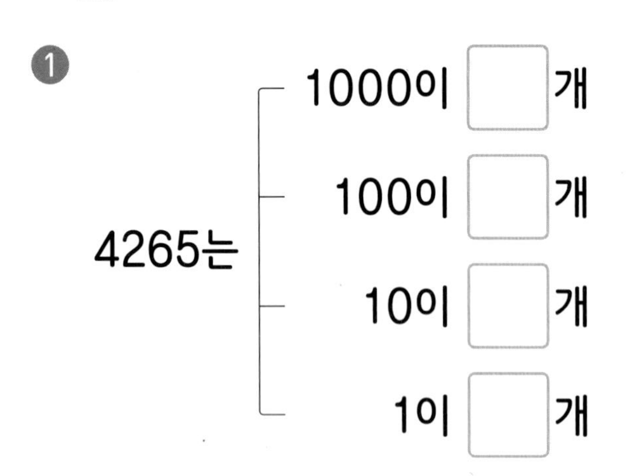


❷

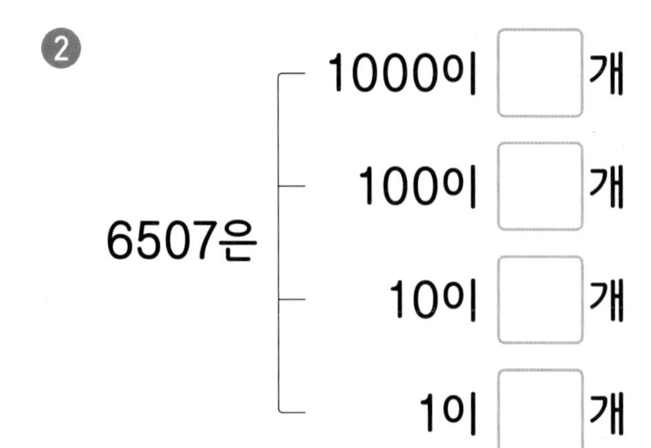


❸

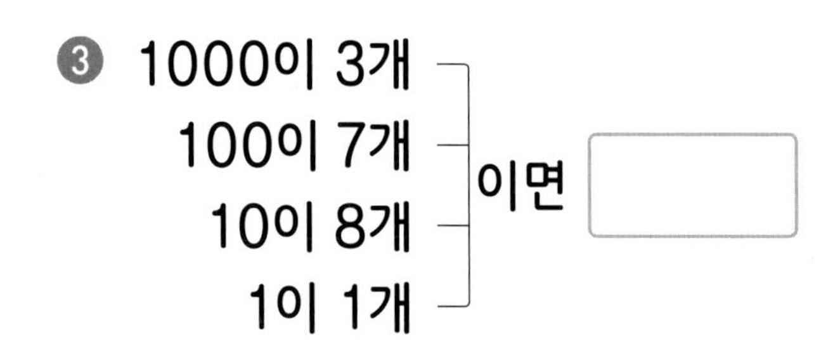


❹

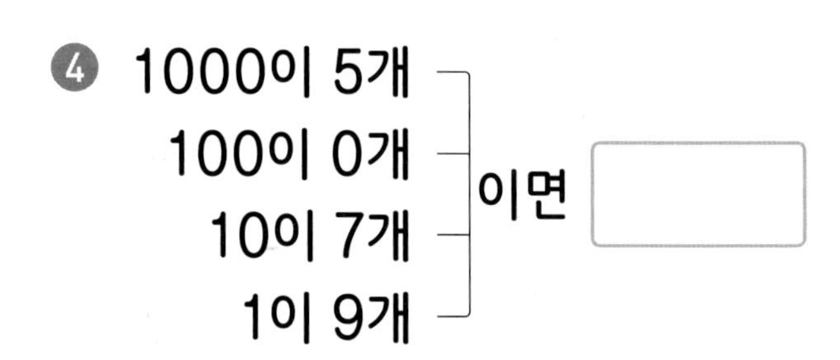


○ 빈칸에 알맞은 수나 말을 써넣으시오.

❺ | 2500 | |

읽기

❻

❼ | 6290 | |

❽

❾ | 8903 | |

❿ | 구천육 | |

# 3 네 자리 수의 자릿값

정답 • 22쪽

○ 주어진 수를 보고 빈칸에 각 자리 숫자와 그 숫자가 나타내는 값을 알맞게 써넣으시오.

❶ 2946

| | 천의 자리 | 백의 자리 | 십의 자리 | 일의 자리 |
|---|---|---|---|---|
| 자리 숫자 | | | | |
| 나타내는 값 | | | | |

❷ 5408

| | 천의 자리 | 백의 자리 | 십의 자리 | 일의 자리 |
|---|---|---|---|---|
| 자리 숫자 | | | | |
| 나타내는 값 | | | | |

○ 빈칸에 밑줄 친 숫자가 나타내는 값을 써넣으시오.

❸ $19\underline{2}4$

❹ $\underline{3}298$

❺ $4\underline{7}05$

❻ $568\underline{5}$

❼ $\underline{6}474$

❽ $7\underline{1}80$

❾ $8\underline{0}29$

❿ $94\underline{9}9$

## 뛰어 세기

정답 • 22쪽

○ 몇씩 뛰어 세었는지 ☐ 안에 알맞은 수를 써넣으시오.

❶

⇨ ☐씩 뛰어 세었습니다.

❷ 6940 — 7940 — 8940 — 9940

⇨ ☐씩 뛰어 세었습니다.

❸

⇨ ☐씩 뛰어 세었습니다.

❹ 4583 — 4593 — 4603 — 4613

⇨ ☐씩 뛰어 세었습니다.

○ 뛰어 세는 규칙을 찾아 빈칸에 알맞은 수를 써넣으시오.

❺

❻

❼

❽ 9147 — ☐ — 9347 — 9447 — ☐ — ☐

# 5 네 자리 수의 크기 비교

정답 • 22쪽

○ 두 수의 크기를 비교하여 ◯ 안에 > 또는 <를 알맞게 써넣으시오.

❶ 4000 ◯ 3000

❷ 5600 ◯ 8600

❸ 6980 ◯ 7180

❹ 2914 ◯ 2852

❺ 7628 ◯ 7459

❻ 8316 ◯ 8412

❼ 6024 ◯ 6049

❽ 5436 ◯ 5450

❾ 3682 ◯ 3673

❿ 9547 ◯ 9542

⓫ 2458 ◯ 2455

⓬ 6725 ◯ 6729

○ 가장 큰 수에 ◯표, 가장 작은 수에 △표 하시오.

⓭ 6824 5419 7244

⓮ 2450 4620 4518

⓯ 1954 1816 1932

⓰ 7458 7462 7449

## 2단 곱셈구구

정답 • 22쪽

○ 빈 곳에 알맞은 수를 써넣으시오.

❶

| | | | | |
|---|---|---|---|---|
| 2 | × | 1 | = | ___ |
| 2 | × | 2 | = | 4 |
| 2 | × | 3 | = | 6 |
| 2 | × | 4 | = | ___ |
| 2 | × | 5 | = | ___ |
| 2 | × | 6 | = | 12 |
| 2 | × | 7 | = | ___ |
| 2 | × | 8 | = | 16 |
| 2 | × | 9 | = | 18 |

❷

| | | | | |
|---|---|---|---|---|
| 2 | × | 1 | = | 2 |
| 2 | × | 2 | = | ___ |
| 2 | × | 3 | = | ___ |
| 2 | × | 4 | = | 8 |
| 2 | × | 5 | = | 10 |
| 2 | × | 6 | = | ___ |
| 2 | × | 7 | = | 14 |
| 2 | × | 8 | = | ___ |
| 2 | × | 9 | = | ___ |

○ □ 안에 알맞은 수를 써넣으시오.

❸ $2\times1=$ □

❹ $2\times8=$ □

❺ $2\times4=$ □

❻ $2\times9=$ □

❼ $2\times7=$ □

❽ $2\times6=$ □

❾ $2\times3=$ □

❿ $2\times2=$ □

⓫ $2\times5=$ □

## 2 5단 곱셈구구

정답 • 22쪽

○ 빈 곳에 알맞은 수를 써넣으시오.

❶

| 5 | × | 1 | = | 5 |
|---|---|---|---|---|
| 5 | × | 2 | = |  |
| 5 | × | 3 | = |  |
| 5 | × | 4 | = | 20 |
| 5 | × | 5 | = | 25 |
| 5 | × | 6 | = |  |
| 5 | × | 7 | = | 35 |
| 5 | × | 8 | = | 40 |
| 5 | × | 9 | = |  |

❷

| 5 | × | 1 | = |  |
|---|---|---|---|---|
| 5 | × | 2 | = | 10 |
| 5 | × | 3 | = | 15 |
| 5 | × | 4 | = |  |
| 5 | × | 5 | = |  |
| 5 | × | 6 | = | 30 |
| 5 | × | 7 | = |  |
| 5 | × | 8 | = |  |
| 5 | × | 9 | = | 45 |

○ □ 안에 알맞은 수를 써넣으시오.

❸ $5\times3=\square$

❹ $5\times6=\square$

❺ $5\times8=\square$

❻ $5\times1=\square$

❼ $5\times9=\square$

❽ $5\times4=\square$

❾ $5\times7=\square$

❿ $5\times5=\square$

⓫ $5\times2=\square$

# 3 3단 곱셈구구

정답 • 22쪽

○ 빈 곳에 알맞은 수를 써넣으시오.

❶

| | | | | |
|---|---|---|---|---|
| 3 | × | 1 | = | ___ |
| 3 | × | 2 | = | 6 |
| 3 | × | 3 | = | 9 |
| 3 | × | 4 | = | ___ |
| 3 | × | 5 | = | ___ |
| 3 | × | 6 | = | 18 |
| 3 | × | 7 | = | 21 |
| 3 | × | 8 | = | 24 |
| 3 | × | 9 | = | ___ |

❷

| | | | | |
|---|---|---|---|---|
| 3 | × | 1 | = | 3 |
| 3 | × | 2 | = | ___ |
| 3 | × | 3 | = | ___ |
| 3 | × | 4 | = | 12 |
| 3 | × | 5 | = | 15 |
| 3 | × | 6 | = | ___ |
| 3 | × | 7 | = | ___ |
| 3 | × | 8 | = | ___ |
| 3 | × | 9 | = | 27 |

○ □ 안에 알맞은 수를 써넣으시오.

❸ $3 \times 3 = \square$

❹ $3 \times 5 = \square$

❺ $3 \times 9 = \square$

❻ $3 \times 2 = \square$

❼ $3 \times 4 = \square$

❽ $3 \times 7 = \square$

❾ $3 \times 8 = \square$

❿ $3 \times 1 = \square$

⓫ $3 \times 6 = \square$

## 6단 곱셈구구

정답 • 23쪽

○ 빈 곳에 알맞은 수를 써넣으시오.

❶

| 6 | × | 1 | = | 6 |
|---|---|---|---|---|
| 6 | × | 2 | = | ___ |
| 6 | × | 3 | = | 18 |
| 6 | × | 4 | = | 24 |
| 6 | × | 5 | = | ___ |
| 6 | × | 6 | = | ___ |
| 6 | × | 7 | = | 42 |
| 6 | × | 8 | = | 48 |
| 6 | × | 9 | = | ___ |

❷

| 6 | × | 1 | = | ___ |
|---|---|---|---|---|
| 6 | × | 2 | = | 12 |
| 6 | × | 3 | = | ___ |
| 6 | × | 4 | = | ___ |
| 6 | × | 5 | = | 30 |
| 6 | × | 6 | = | 36 |
| 6 | × | 7 | = | ___ |
| 6 | × | 8 | = | ___ |
| 6 | × | 9 | = | 54 |

○ □ 안에 알맞은 수를 써넣으시오.

❸ $6\times2=\square$

❹ $6\times7=\square$

❺ $6\times4=\square$

❻ $6\times5=\square$

❼ $6\times1=\square$

❽ $6\times9=\square$

❾ $6\times6=\square$

❿ $6\times8=\square$

⓫ $6\times3=\square$

# 5 4단 곱셈구구

정답 • 23쪽

○ 빈 곳에 알맞은 수를 써넣으시오.

❶

| | | | | |
|---|---|---|---|---|
| 4 | × | 1 | = | ___ |
| 4 | × | 2 | = | ___ |
| 4 | × | 3 | = | 12 |
| 4 | × | 4 | = | ___ |
| 4 | × | 5 | = | 20 |
| 4 | × | 6 | = | 24 |
| 4 | × | 7 | = | 28 |
| 4 | × | 8 | = | ___ |
| 4 | × | 9 | = | 36 |

❷

| | | | | |
|---|---|---|---|---|
| 4 | × | 1 | = | 4 |
| 4 | × | 2 | = | 8 |
| 4 | × | 3 | = | ___ |
| 4 | × | 4 | = | 16 |
| 4 | × | 5 | = | ___ |
| 4 | × | 6 | = | ___ |
| 4 | × | 7 | = | ___ |
| 4 | × | 8 | = | 32 |
| 4 | × | 9 | = | ___ |

○ □ 안에 알맞은 수를 써넣으시오.

❸ $4\times5=\square$

❹ $4\times1=\square$

❺ $4\times6=\square$

❻ $4\times3=\square$

❼ $4\times8=\square$

❽ $4\times7=\square$

❾ $4\times9=\square$

❿ $4\times4=\square$

⓫ $4\times2=\square$

# 8단 곱셈구구

정답 • 23쪽

○ 빈 곳에 알맞은 수를 써넣으시오.

❶

| | | | | |
|---|---|---|---|---|
| 8 | × | 1 | = | 8 |
| 8 | × | 2 | = | ___ |
| 8 | × | 3 | = | ___ |
| 8 | × | 4 | = | 32 |
| 8 | × | 5 | = | ___ |
| 8 | × | 6 | = | 48 |
| 8 | × | 7 | = | 56 |
| 8 | × | 8 | = | ___ |
| 8 | × | 9 | = | 72 |

❷

| | | | | |
|---|---|---|---|---|
| 8 | × | 1 | = | ___ |
| 8 | × | 2 | = | 16 |
| 8 | × | 3 | = | 24 |
| 8 | × | 4 | = | ___ |
| 8 | × | 5 | = | 40 |
| 8 | × | 6 | = | ___ |
| 8 | × | 7 | = | ___ |
| 8 | × | 8 | = | 64 |
| 8 | × | 9 | = | ___ |

○ □ 안에 알맞은 수를 써넣으시오.

❸ 8×1=□

❹ 8×5=□

❺ 8×7=□

❻ 8×3=□

❼ 8×8=□

❽ 8×4=□

❾ 8×9=□

❿ 8×2=□

⓫ 8×6=□

# 7단 곱셈구구

정답 • 23쪽

○ 빈 곳에 알맞은 수를 써넣으시오.

❶

| | | | | |
|---|---|---|---|---|
| 7 | × | 1 | = | ___ |
| 7 | × | 2 | = | 14 |
| 7 | × | 3 | = | ___ |
| 7 | × | 4 | = | ___ |
| 7 | × | 5 | = | 35 |
| 7 | × | 6 | = | 42 |
| 7 | × | 7 | = | ___ |
| 7 | × | 8 | = | 56 |
| 7 | × | 9 | = | 63 |

❷

| | | | | |
|---|---|---|---|---|
| 7 | × | 1 | = | 7 |
| 7 | × | 2 | = | ___ |
| 7 | × | 3 | = | 21 |
| 7 | × | 4 | = | 28 |
| 7 | × | 5 | = | ___ |
| 7 | × | 6 | = | ___ |
| 7 | × | 7 | = | 49 |
| 7 | × | 8 | = | ___ |
| 7 | × | 9 | = | ___ |

○ □ 안에 알맞은 수를 써넣으시오.

❸ $7 \times 2 = \square$

❹ $7 \times 4 = \square$

❺ $7 \times 5 = \square$

❻ $7 \times 7 = \square$

❼ $7 \times 1 = \square$

❽ $7 \times 8 = \square$

❾ $7 \times 3 = \square$

❿ $7 \times 9 = \square$

⓫ $7 \times 6 = \square$

# 9단 곱셈구구

정답 • 23쪽

○ 빈 곳에 알맞은 수를 써넣으시오.

❶

| | | | | |
|---|---|---|---|---|
| 9 | × | 1 | = | 9 |
| 9 | × | 2 | = | ___ |
| 9 | × | 3 | = | 27 |
| 9 | × | 4 | = | 36 |
| 9 | × | 5 | = | ___ |
| 9 | × | 6 | = | ___ |
| 9 | × | 7 | = | 63 |
| 9 | × | 8 | = | 72 |
| 9 | × | 9 | = | ___ |

❷

| | | | | |
|---|---|---|---|---|
| 9 | × | 1 | = | ___ |
| 9 | × | 2 | = | 18 |
| 9 | × | 3 | = | ___ |
| 9 | × | 4 | = | ___ |
| 9 | × | 5 | = | 45 |
| 9 | × | 6 | = | 54 |
| 9 | × | 7 | = | ___ |
| 9 | × | 8 | = | ___ |
| 9 | × | 9 | = | 81 |

○ □ 안에 알맞은 수를 써넣으시오.

❸ $9\times3=$ □

❹ $9\times1=$ □

❺ $9\times6=$ □

❻ $9\times2=$ □

❼ $9\times8=$ □

❽ $9\times5=$ □

❾ $9\times7=$ □

❿ $9\times4=$ □

⓫ $9\times9=$ □

# 1단 곱셈구구 / 0의 곱

정답 • 23쪽

○ 빈 곳에 알맞은 수를 써넣으시오.

❶

| | | | | |
|---|---|---|---|---|
| 1 | × | 1 | = | 1 |
| 1 | × | 2 | = | ___ |
| 1 | × | 3 | = | ___ |
| 1 | × | 4 | = | 4 |
| 1 | × | 5 | = | 5 |
| 1 | × | 6 | = | ___ |
| 1 | × | 7 | = | ___ |
| 1 | × | 8 | = | 8 |
| 1 | × | 9 | = | ___ |

❷

| | | | | |
|---|---|---|---|---|
| 0 | × | 1 | = | 0 |
| 0 | × | 2 | = | ___ |
| 0 | × | 3 | = | 0 |
| 0 | × | 4 | = | ___ |
| 0 | × | 5 | = | ___ |
| 0 | × | 6 | = | 0 |
| 0 | × | 7 | = | ___ |
| 0 | × | 8 | = | ___ |
| 0 | × | 9 | = | 0 |

○ □ 안에 알맞은 수를 써넣으시오.

❸ $1\times4=\square$

❹ $0\times7=\square$

❺ $0\times6=\square$

❻ $1\times\square=5$

❼ $\square\times8=8$

❽ $3\times\square=0$

❾ $\square\times2=0$

❿ $\square\times1=1$

⓫ $9\times\square=0$

# 10 곱셈표 만들기

정답 • 23쪽

○ 곱셈표를 완성해 보시오.

❶

| × | 2 | 3 | 4 | 5 |
|---|---|---|---|---|
| 1 | | | | |
| 2 | | | | |
| 3 | | | | |
| 4 | | | | |

❷

| × | 6 | 7 | 8 | 9 |
|---|---|---|---|---|
| 4 | | | | |
| 5 | | | | |
| 6 | | | | |
| 7 | | | | |

❸

| × | 1 | 2 | 3 | 6 |
|---|---|---|---|---|
| 2 | | | | |
| 4 | | | | |
| 5 | | | | |
| 8 | | | | |

❹

| × | 0 | 2 | 5 | 7 |
|---|---|---|---|---|
| 0 | | | | |
| 3 | | | | |
| 6 | | | | |
| 7 | | | | |

❺

| × | 5 | 6 | 7 | 9 |
|---|---|---|---|---|
| 3 | | | | |
| 4 | | | | |
| 5 | | | | |
| 8 | | | | |

❻

| × | 3 | 4 | 6 | 9 |
|---|---|---|---|---|
| 5 | | | | |
| 6 | | | | |
| 7 | | | | |
| 9 | | | | |

## 1 m와 cm의 관계

정답 • 23쪽

○ □ 안에 알맞은 수를 써넣으시오.

❶ 100 cm = □ m

❷ 290 cm = □ m □ cm

❸ 321 cm = □ m □ cm

❹ 736 cm = □ m □ cm

❺ 854 cm = □ m □ cm

❻ 903 cm = □ m □ cm

❼ 2 m = □ cm

❽ 1 m 70 cm = □ cm

❾ 3 m 52 cm = □ cm

❿ 6 m 27 cm = □ cm

⓫ 7 m 8 cm = □ cm

⓬ 8 m 16 cm = □ cm

## 2 자로 길이 재기

정답 • 24쪽

○ 자에서 화살표가 가리키는 눈금을 읽어 보시오.

❶ ☐ cm  ☐ m ☐ cm

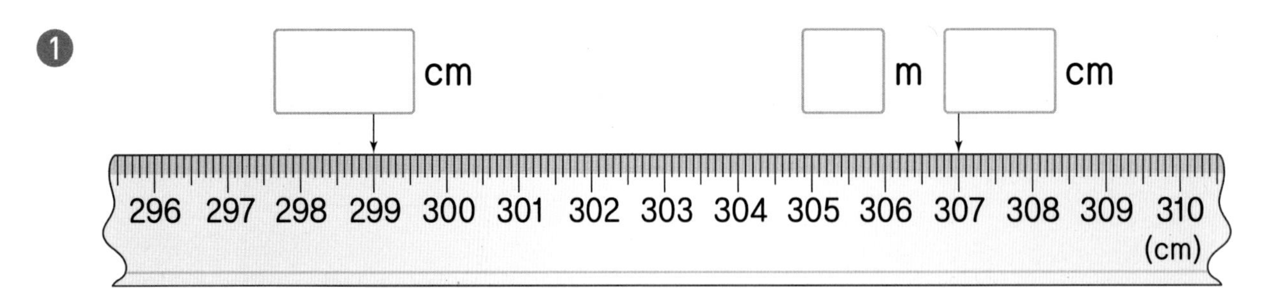


❷ ☐ m ☐ cm  ☐ cm

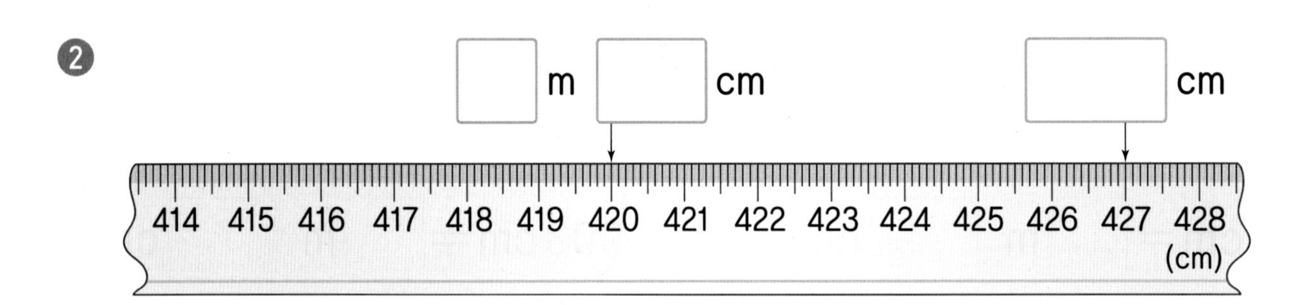


○ 물건의 길이를 두 가지 방법으로 나타내 보시오.

❸

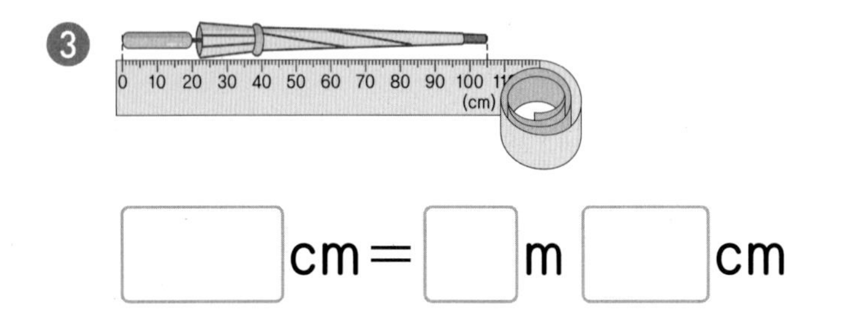

☐ cm = ☐ m ☐ cm

❹

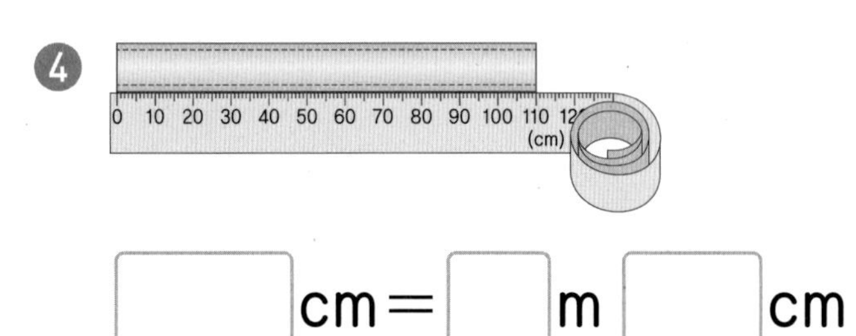

☐ cm = ☐ m ☐ cm

❺

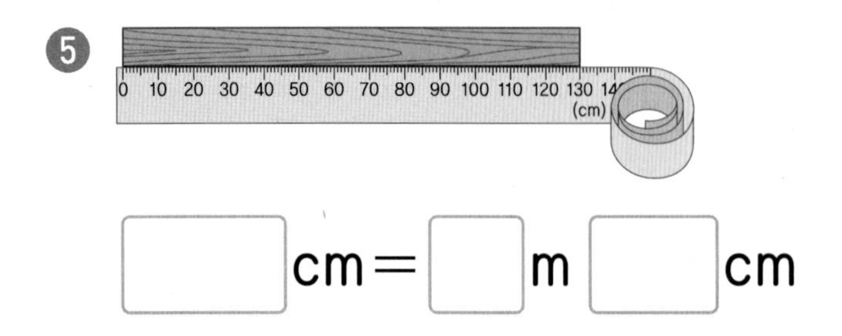

☐ cm = ☐ m ☐ cm

❻

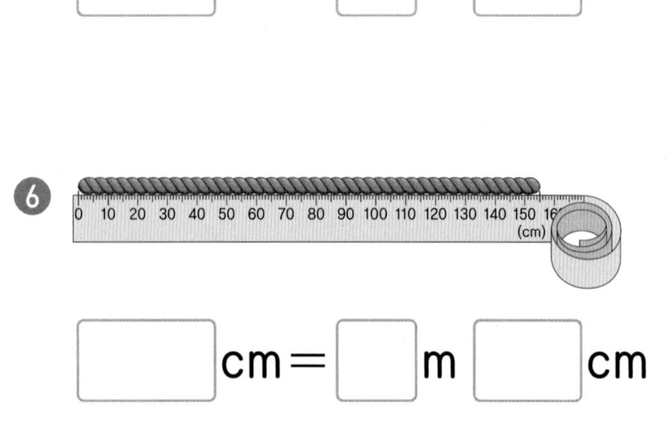

☐ cm = ☐ m ☐ cm

## 3 받아올림이 없는 길이의 합

정답 • 24쪽

○ 계산해 보시오.

❶
$$\begin{array}{rrr} & 1\,\text{m} & 20\,\text{cm} \\ + & 1\,\text{m} & 30\,\text{cm} \\ \hline \end{array}$$

❷
$$\begin{array}{rrr} & 3\,\text{m} & 50\,\text{cm} \\ + & 1\,\text{m} & 10\,\text{cm} \\ \hline \end{array}$$

❸
$$\begin{array}{rrr} & 2\,\text{m} & 30\,\text{cm} \\ + & 3\,\text{m} & 55\,\text{cm} \\ \hline \end{array}$$

❹
$$\begin{array}{rrr} & 3\,\text{m} & 15\,\text{cm} \\ + & 1\,\text{m} & 20\,\text{cm} \\ \hline \end{array}$$

❺
$$\begin{array}{rrr} & 4\,\text{m} & 24\,\text{cm} \\ + & 3\,\text{m} & 43\,\text{cm} \\ \hline \end{array}$$

❻
$$\begin{array}{rrr} & 6\,\text{m} & 35\,\text{cm} \\ + & 2\,\text{m} & 44\,\text{cm} \\ \hline \end{array}$$

❼ 1 m 40 cm+2 m 50 cm
=

❽ 2 m 30 cm+4 m 40 cm
=

❾ 3 m 20 cm+2 m 45 cm
=

❿ 5 m 15 cm+2 m 30 cm
=

⓫ 7 m 17 cm+2 m 42 cm
=

⓬ 9 m 58 cm+6 m 38 cm
=

# 4 받아올림이 있는 길이의 합

정답 • 24쪽

○ 계산해 보시오.

❶
$$\begin{array}{rrr} & 1\,\text{m} & 70\,\text{cm} \\ + & 2\,\text{m} & 40\,\text{cm} \\ \hline \end{array}$$

❷
$$\begin{array}{rrr} & 2\,\text{m} & 60\,\text{cm} \\ + & 3\,\text{m} & 80\,\text{cm} \\ \hline \end{array}$$

❸
$$\begin{array}{rrr} & 3\,\text{m} & 50\,\text{cm} \\ + & 1\,\text{m} & 78\,\text{cm} \\ \hline \end{array}$$

❹
$$\begin{array}{rrr} & 4\,\text{m} & 75\,\text{cm} \\ + & 2\,\text{m} & 80\,\text{cm} \\ \hline \end{array}$$

❺
$$\begin{array}{rrr} & 5\,\text{m} & 62\,\text{cm} \\ + & 3\,\text{m} & 59\,\text{cm} \\ \hline \end{array}$$

❻
$$\begin{array}{rrr} & 9\,\text{m} & 83\,\text{cm} \\ + & 2\,\text{m} & 46\,\text{cm} \\ \hline \end{array}$$

❼ 2 m 90 cm + 1 m 30 cm
=

❽ 3 m 50 cm + 2 m 60 cm
=

❾ 4 m 40 cm + 3 m 85 cm
=

❿ 5 m 75 cm + 4 m 50 cm
=

⓫ 8 m 72 cm + 2 m 34 cm
=

⓬ 10 m 59 cm + 6 m 84 cm
=

## 받아내림이 없는 길이의 차

정답 • 24쪽

○ 계산해 보시오.

❶
  3 m 90 cm
− 2 m 50 cm

❷
  4 m 60 cm
− 1 m 40 cm

❸
  4 m 55 cm
− 2 m 50 cm

❹
  5 m 60 cm
− 4 m 25 cm

❺
  8 m 82 cm
− 3 m 45 cm

❻
  9 m 78 cm
− 5 m 16 cm

❼ 2 m 60 cm − 1 m 30 cm
=

❽ 4 m 70 cm − 2 m 60 cm
=

❾ 5 m 55 cm − 3 m 20 cm
=

❿ 8 m 90 cm − 4 m 75 cm
=

⓫ 9 m 87 cm − 2 m 13 cm
=

⓬ 10 m 61 cm − 7 m 44 cm
=

## 받아내림이 있는 길이의 차

정답 • 24쪽

○ 계산해 보시오.

❶
```
   3 m  20 cm
－ 1 m  50 cm
─────────────
```

❷
```
   5 m  40 cm
－ 2 m  60 cm
─────────────
```

❸
```
   6 m  45 cm
－ 4 m  50 cm
─────────────
```

❹
```
   7 m  10 cm
－ 3 m  35 cm
─────────────
```

❺
```
   9 m  23 cm
－ 3 m  54 cm
─────────────
```

❻
```
  10 m  16 cm
－ 7 m  83 cm
─────────────
```

❼ 4 m 10 cm－2 m 60 cm
＝

❽ 5 m 20 cm－1 m 80 cm
＝

❾ 6 m 25 cm－1 m 50 cm
＝

❿ 7 m 60 cm－3 m 75 cm
＝

⓫ 8 m 34 cm－3 m 66 cm
＝

⓬ 10 m 41 cm－4 m 48 cm
＝

## 1 5분 단위까지 몇 시 몇 분 읽기

정답 • 24쪽

○ 시각을 써 보시오.

❶

☐ 시 ☐ 분

❷

☐ 시 ☐ 분

❸

☐ 시 ☐ 분

❹

☐ 시 ☐ 분

❺

☐ 시 ☐ 분

❻

☐ 시 ☐ 분

❼

☐ 시 ☐ 분

❽

☐ 시 ☐ 분

❾

☐ 시 ☐ 분

❿

☐ 시 ☐ 분

⓫
5:05

☐ 시 ☐ 분

⓬
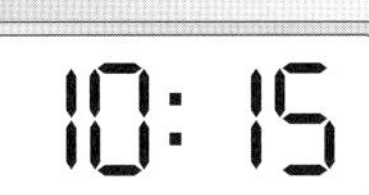


☐ 시 ☐ 분

## 1분 단위까지 몇 시 몇 분 읽기

정답 • 24쪽

○ 시각을 써 보시오.

❶ 

시 분

❷ 

시 분

❸ 

시 분

❹ 

시 분

❺ 

시 분

❻ 

시 분

❼ 

시 분

❽ 

시 분

❾ 

시 분

❿ 

시 분

⓫ 

시 분

⓬ 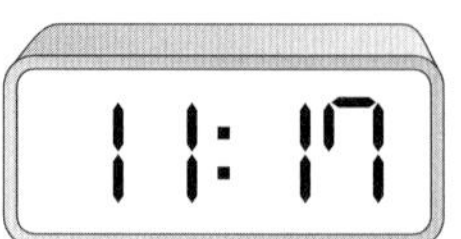


시 분

## 3 몇 시 몇 분 전으로 시각 읽기

정답 • 24쪽

○ 시각을 써 보시오.

❶

☐ 시 ☐ 분 전

❷

☐ 시 ☐ 분 전

❸

☐ 시 ☐ 분 전

❹

☐ 시 ☐ 분 전

❺

☐ 시 ☐ 분 전

❻

☐ 시 ☐ 분 전

❼

☐ 시 ☐ 분 전

❽

☐ 시 ☐ 분 전

## 4 시간과 분 사이의 관계

정답 • 25쪽

○ □ 안에 알맞은 수를 써넣으시오.

❶ 1시간＝□분

❷ 3시간＝□분

❸ 1시간 30분＝□분

❹ 2시간 20분＝□분

❺ 1시간 46분＝□분

❻ 2시간 7분＝□분

❼ 3시간 32분＝□분

❽ 4시간 19분＝□분

❾ 60분＝□시간

❿ 120분＝□시간

⓫ 100분＝□시간 □분

⓬ 150분＝□시간 □분

⓭ 74분＝□시간 □분

⓮ 169분＝□시간 □분

⓯ 231분＝□시간 □분

⓰ 276분＝□시간 □분

## 5 하루의 시간

정답 • 25쪽

○ □ 안에 알맞은 수를 써넣으시오.

❶ 1일＝□시간

❷ 2일＝□시간

❸ 1일 10시간＝□시간

❹ 2일 4시간＝□시간

❺ 2일 14시간＝□시간

❻ 3일 9시간＝□시간

❼ 3일 21시간＝□시간

❽ 4일 2시간＝□시간

❾ 24시간＝□일

❿ 72시간＝□일

⓫ 39시간＝□일 □시간

⓬ 47시간＝□일 □시간

⓭ 58시간＝□일 □시간

⓮ 69시간＝□일 □시간

⓯ 79시간＝□일 □시간

⓰ 100시간＝□일 □시간

## 1주일, 1개월, 1년 사이의 관계

정답 • 25쪽

○ □ 안에 알맞은 수를 써넣으시오.

① 1주일 = □ 일

② 1주일 4일 = □ 일

③ 2주일 6일 = □ 일

④ 3주일 3일 = □ 일

⑤ 14일 = □ 주일

⑥ 17일 = □ 주일 □ 일

⑦ 26일 = □ 주일 □ 일

⑧ 30일 = □ 주일 □ 일

⑨ 1년 = □ 개월

⑩ 1년 9개월 = □ 개월

⑪ 2년 6개월 = □ 개월

⑫ 3년 2개월 = □ 개월

⑬ 24개월 = □ 년

⑭ 27개월 = □ 년 □ 개월

⑮ 46개월 = □ 년 □ 개월

⑯ 53개월 = □ 년 □ 개월

# 1 자료를 분류하여 표로 나타내기

정답 • 25쪽

○ 자료를 보고 표로 나타내 보시오.

**1**

승우네 반 학생들이 좋아하는 채소

| 승우 | 가현 | 세미 | 소라 | 진주 | 종혁 | 장우 | 민혁 | 소미 |
|---|---|---|---|---|---|---|---|---|
| 나은 | 진호 | 현미 | 종수 | 재혁 | 경희 | 인선 | 영미 | 주형 |

승우네 반 학생들이 좋아하는 채소별 학생 수

| 채소 | 오이 | 호박 | 당근 | 버섯 | 양파 | 합계 |
|---|---|---|---|---|---|---|
| 학생 수(명) | | | | | | |

**2**

성주네 반 학생들이 가고 싶은 체험학습 장소

| 이름 | 장소 | 이름 | 장소 | 이름 | 장소 | 이름 | 장소 |
|---|---|---|---|---|---|---|---|
| 성주 | 박물관 | 지성 | 과학관 | 하윤 | 과학관 | 장희 | 놀이공원 |
| 연두 | 놀이공원 | 찬희 | 놀이공원 | 동수 | 놀이공원 | 도윤 | 동물원 |
| 진화 | 동물원 | 선진 | 놀이공원 | 화영 | 박물관 | 수빈 | 미술관 |
| 상태 | 놀이공원 | 한민 | 동물원 | 미정 | 동물원 | 승희 | 과학관 |

성주네 반 학생들이 가고 싶은 체험학습 장소별 학생 수

| 장소 | 박물관 | 놀이공원 | 동물원 | 과학관 | 미술관 | 합계 |
|---|---|---|---|---|---|---|
| 학생 수(명) | | | | | | |

# 2 자료를 분류하여 그래프로 나타내기

정답 • 25쪽

○ 서우네 반 학생들의 장래희망을 조사하였습니다. 물음에 답하시오.

서우네 반 학생들의 장래희망

| 이름 | 장래희망 | 이름 | 장래희망 | 이름 | 장래희망 | 이름 | 장래희망 |
|---|---|---|---|---|---|---|---|
| 서우 | 의사 | 유미 | 요리사 | 진영 | 운동선수 | 다연 | 연예인 |
| 선기 | 과학자 | 광훈 | 운동선수 | 나래 | 연예인 | 재우 | 운동선수 |
| 관호 | 선생님 | 민주 | 과학자 | 규민 | 요리사 | 윤재 | 연예인 |
| 규리 | 연예인 | 구현 | 운동선수 | 희태 | 과학자 | 도훈 | 선생님 |

❶ 자료를 보고 표로 나타내 보시오.

서우네 반 학생들의 장래희망별 학생 수

| 장래희망 | 의사 | 과학자 | 선생님 | 연예인 | 요리사 | 운동선수 | 합계 |
|---|---|---|---|---|---|---|---|
| 학생 수(명) | | | | | | | |

❷ 자료를 ○를 이용하여 그래프로 나타내 보시오.

서우네 반 학생들의 장래희망별 학생 수

| 4 | | | | | | |
|---|---|---|---|---|---|---|
| 3 | | | | | | |
| 2 | | | | | | |
| 1 | | | | | | |
| 학생 수(명) / 장래희망 | 의사 | 과학자 | 선생님 | 연예인 | 요리사 | 운동선수 |

## 3 표와 그래프의 내용

정답 • 25쪽

○ 민기네 반 학생들이 좋아하는 주스를 조사하여 나타낸 표와 그래프입니다. 물음에 답하시오.

민기네 반 학생들이 좋아하는 주스별 학생 수

| 주스 | 포도 | 오렌지 | 토마토 | 딸기 | 사과 | 합계 |
|---|---|---|---|---|---|---|
| 학생 수(명) | 3 | 5 | 2 | 6 | 4 | 20 |

민기네 반 학생들이 좋아하는 주스별 학생 수

| 6 | | | | | |
|---|---|---|---|---|---|
| 5 | | × | | | |
| 4 | | × | | | |
| 3 | | × | | | |
| 2 | | × | × | | |
| 1 | | × | × | | |
| 학생 수(명) / 주스 | 포도 | 오렌지 | 토마토 | 딸기 | 사과 |

❶ 표를 보고 그래프를 완성해 보시오.

❷ 조사한 학생은 모두 몇 명입니까?

( )

❸ 가장 많은 학생이 좋아하는 주스와 가장 적은 학생이 좋아하는 주스를 찾아 차례로 써 보시오.

( , )

# 무늬에서 규칙 찾기

정답 • 26쪽

○ 규칙을 찾아 □ 안에 알맞은 모양을 그려 넣고 규칙을 써 보시오.

1

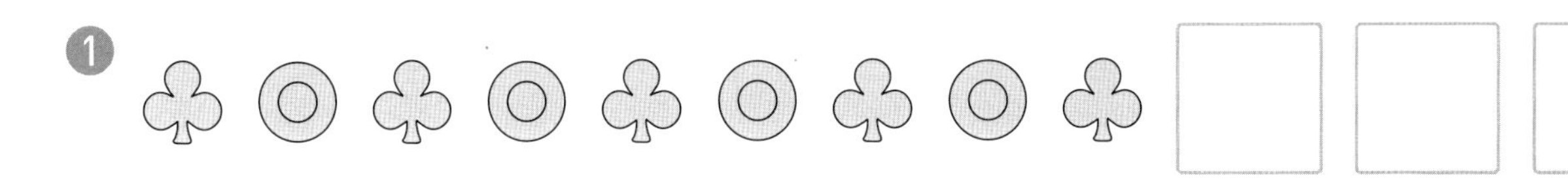

규칙 ♧, □ 가 반복됩니다.

2

규칙 ○, □, □ 가 반복됩니다.

○ 규칙을 찾아 빈칸을 알맞게 채우고 알맞은 말에 ○표 하시오.

3

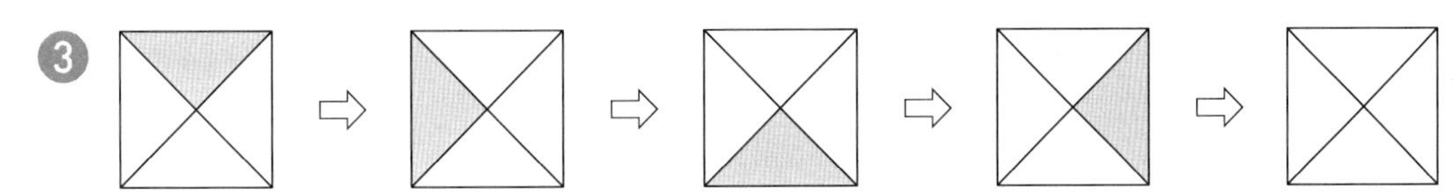

규칙 색칠된 부분이 ( 시계 방향 , 시계 반대 방향 )으로 돌아가고 있습니다.

4

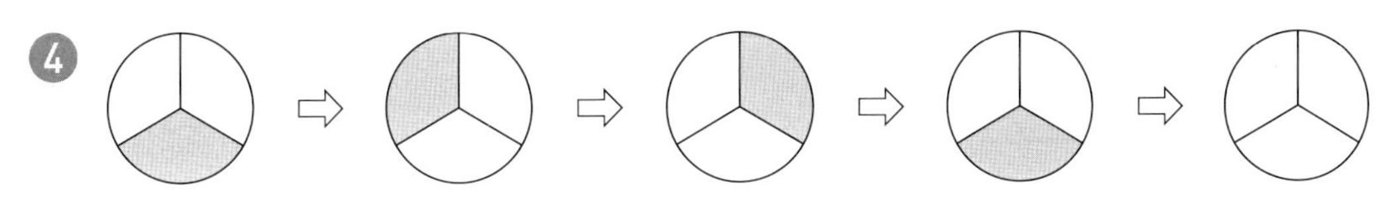

규칙 색칠된 부분이 ( 시계 방향 , 시계 반대 방향 )으로 돌아가고 있습니다.

## 2 쌓은 모양에서 규칙 찾기

정답 • 26쪽

○ 쌓기나무로 쌓은 모양에서 규칙을 찾아 써 보시오.

1

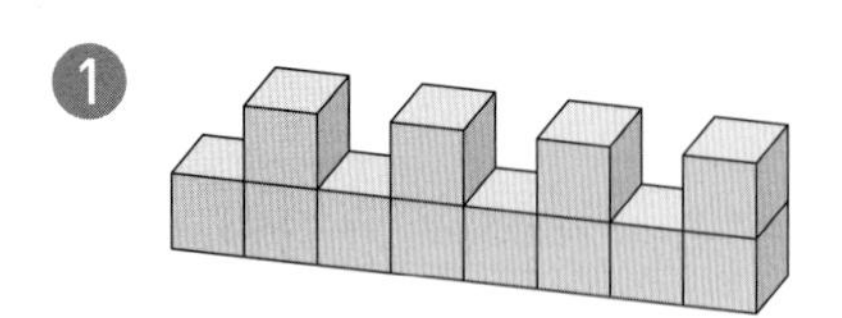

규칙 쌓기나무의 수가 왼쪽에서 오른쪽으로 □개, □개씩 반복됩니다.

2

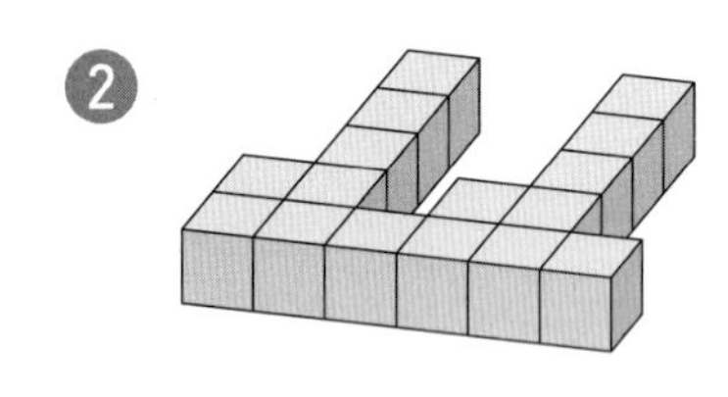

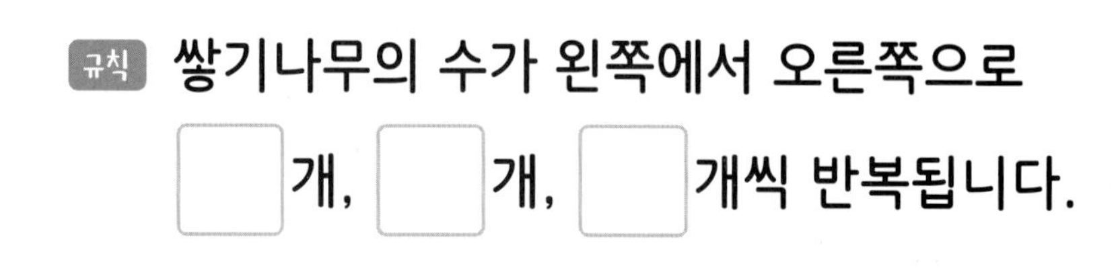

규칙 쌓기나무의 수가 왼쪽에서 오른쪽으로 □개, □개, □개씩 반복됩니다.

3

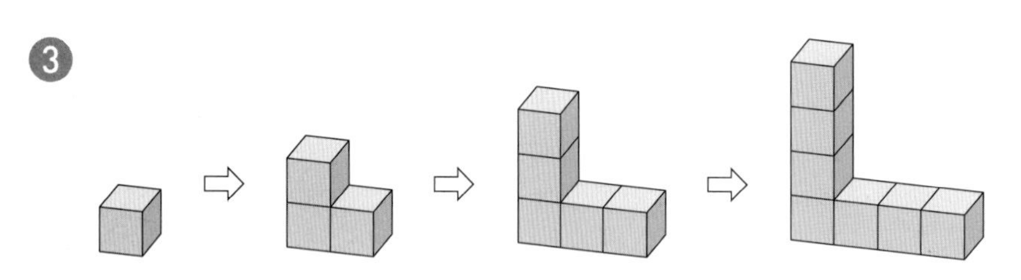

규칙 쌓기나무가 위와 오른쪽으로 각각 □개씩 늘어나고 있습니다.

4

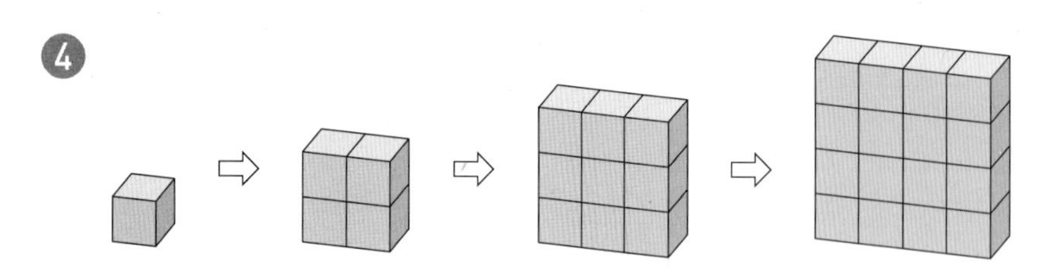

규칙 쌓기나무가 사각형 모양으로 □개, □개, □개……씩 늘어나고 있습니다.

## 3 덧셈표에서 규칙 찾기

정답 • 26쪽

○ 덧셈표를 완성하고 으로 칠해진 수의 규칙을 찾아 써 보시오.

❶

| + | 1 | 2 | 3 | 4 |
|---|---|---|---|---|
| 1 | 2 | 3 | 4 | 5 |
| 2 | | 4 | | |
| 3 | | 5 | | |
| 4 | 5 | 6 | | |

규칙 아래로 내려갈수록 □ 씩 커지는 규칙이 있습니다.

❷

| + | 3 | 4 | 5 | 6 |
|---|---|---|---|---|
| 1 | 4 | | | 7 |
| 3 | | 7 | | |
| 5 | | | 10 | 11 |
| 7 | 10 | 11 | 12 | 13 |

규칙 오른쪽으로 갈수록 □ 씩 커지는 규칙이 있습니다.

❸

| + | 1 | 2 | 3 | 4 |
|---|---|---|---|---|
| 1 | | 3 | 4 | |
| 3 | 4 | | 6 | |
| 5 | | | 8 | |
| 7 | 8 | | 10 | |

규칙 아래로 내려갈수록 □ 씩 커지는 규칙이 있습니다.

❹

| + | 2 | 3 | 4 | 5 |
|---|---|---|---|---|
| 2 | 4 | | 6 | |
| 4 | | 7 | | |
| 6 | | | 10 | |
| 8 | 10 | | | 13 |

규칙 ↘ 방향으로 갈수록 □ 씩 커지는 규칙이 있습니다.

# 4 곱셈표에서 규칙 찾기

정답 • 26쪽

○ 곱셈표를 완성하고 으로 칠해진 수의 규칙을 찾아 써 보시오.

❶

| × | 1 | 2 | 3 | 4 |
|---|---|---|---|---|
| 1 | 1 | 2 | 3 | 4 |
| 2 | 2 | | | 8 |
| 3 | | | | 12 |
| 4 | 4 | | | |

규칙 오른쪽으로 갈수록 □ 씩 커지는 규칙이 있습니다.

❷

| × | 2 | 3 | 4 | 5 |
|---|---|---|---|---|
| 3 | 6 | | 12 | 15 |
| 4 | | 12 | 16 | |
| 5 | | | 20 | |
| 6 | 12 | | 24 | |

규칙 아래로 내려갈수록 □ 씩 커지는 규칙이 있습니다.

❸

| × | 2 | 4 | 6 | 8 |
|---|---|---|---|---|
| 5 | 10 | 20 | | 40 |
| 6 | 12 | | | |
| 7 | 14 | | 42 | |
| 8 | 16 | | | 64 |

규칙 위로 올라갈수록 □ 씩 작아지는 규칙이 있습니다.

❹

| × | 6 | 7 | 8 | 9 |
|---|---|---|---|---|
| 3 | 18 | | | 27 |
| 4 | | | | 36 |
| 5 | 30 | 35 | 40 | 45 |
| 6 | | | 48 | |

규칙 왼쪽으로 갈수록 □ 씩 작아지는 규칙이 있습니다.

# 개념+연산

**책 속의 가접 별책** (특허 제 0557442호)

'정답'은 메인 북에서 쉽게 분리할 수 있도록 제작되었으므로
유통 과정에서 분리될 수 있으나 파본이 아닌 정상 제품입니다.

ABOVE IMAGINATION

우리는 남다른 상상과 혁신으로
교육 문화의 새로운 전형을 만들어
모든 이의 행복한 경험과 성장에 기여한다

# 개념+연산

# 정답

초등수학

2·2

# 1. 네 자리 수

## ① 천, 몇천

1일 차

### 8쪽

❶ 10, 1000
❷ 10, 1000
❸ 천

### 9쪽

❹ 2, 2000
❺ 5, 5000
❻ 4, 4000
❼ 9, 9000
❽ 7, 7000

2일 차

### 10쪽

❶ 1000
❷ 삼천
❸ 6000
❹ 사천
❺ 5000
❻ 칠천
❼ 8000
❽ 오천
❾ 7000
❿ 이천
⓫ 4000
⓬ 팔천
⓭ 9000
⓮ 육천

### 11쪽

⓯ 1000
⓰ 6000
⓱ 2000
⓲ 1000
⓳ 4000
⓴ 1000
㉑ 8000
㉒ 1000
㉓ 5000
㉔ 9000
㉕ 1000
㉖ 3000

## ② 네 자리 수

3일 차

### 12쪽

❶ 1, 2, 3, 5 / 1235
❷ 3, 4, 6, 9 / 3469
❸ 4, 3, 8, 7 / 4387

### 13쪽

❹ 3426, 삼천사백이십육
❺ 2749, 이천칠백사십구
❻ 5302, 오천삼백이
❼ 6098, 육천구십팔

4일 차

### 14쪽

❶ 2, 3, 5, 4
❷ 7, 6, 4, 0
❸ 8, 0, 2, 9
❹ 4736
❺ 6287
❻ 5054
❼ 9103

### 15쪽

❽ 천오백사십이
❾ 2546
❿ 이천삼백십구
⓫ 3951
⓬ 사천육백
⓭ 7415
⓮ 오천백칠십
⓯ 9500
⓰ 육천육백이십칠
⓱ 6046
⓲ 팔천칠백오
⓳ 5020
⓴ 구천삼
㉑ 8008

## ③ 네 자리 수의 자릿값

5일 차

**16쪽**

❶ 200, 90, 6 / 3000+200+90+6
❷ 5000, 800, 40, 2 / 5000+800+40+2
❸ 7000, 0, 10, 4 / 7000+0+10+4

**17쪽**

❹ 2, 5, 3
❺ 4, 6, 9, 8
❻ 9, 3, 0, 0
❼ 6, 2, 7, 2
❽ 2, 8, 0, 5

6일 차

**18쪽** ❗정답을 위에서부터 확인합니다.

❶ 3, 6, 2, 5 / 3000, 600, 20, 5
❷ 6, 0, 4, 3 / 6000, 0, 40, 3
❸ 2, 5, 9, 7 / 2000, 500, 90, 7
❹ 8, 1, 6, 0 / 8000, 100, 60, 0

**19쪽**

❺ 40
❻ 200
❼ 6
❽ 2000
❾ 700
❿ 50
⓫ 9000
⓬ 8
⓭ 500
⓮ 3000
⓯ 9
⓰ 800
⓱ 6000
⓲ 60

## ④ 뛰어 세기

7일 차

**20쪽**

❶ 4200, 5200
❷ 5480, 6480, 7480
❸ 6719, 8719, 9719
❹ 2600, 2700
❺ 5318, 5418, 5518
❻ 8842, 8942, 9142

**21쪽**

❼ 1150, 1160, 1170
❽ 9067, 9087, 9097
❾ 6384, 6404, 6414, 6424
❿ 4256, 4257, 4258
⓫ 7632, 7633, 7634
⓬ 9029, 9030, 9032, 9033

8일 차

**22쪽**

❶ 1000
❷ 1
❸ 10
❹ 100
❺ 1000
❻ 1
❼ 100
❽ 10
❾ 100
❿ 5

**23쪽**

⓫ 4315, 5315, 7315
⓬ 3521, 3821, 4021
⓭ 5008, 5009, 5011
⓮ 7078, 7088, 7108
⓯ 3542, 4542, 7542
⓰ 9949, 9979, 9999
⓱ 6230, 6235, 6245

## ⑤ 네 자리 수의 크기 비교

9일 차

**24쪽** ❗정답을 위에서부터 확인합니다.

❶ 6, 2, 4, 5 / 5, 8, 1, 9 / >
❷ 1, 7, 4, 9 / 1, 7, 5, 2 / <
❸ 5, 0, 3, 8 / 5, 1, 3, 6 / <

**25쪽**

❹ <
❺ >
❻ >
❼ <
❽ <
❾ <
❿ >
⓫ >
⓬ <
⓭ <
⓮ >
⓯ >
⓰ >
⓱ <
⓲ >
⓳ <
⓴ >
㉑ <
㉒ <
㉓ >
㉔ <

10일 차

**26쪽** ❗정답을 위에서부터 확인합니다.

❶ 5, 4, 2, 8 / 4, 2, 1, 6 / 6, 6, 3, 2 / 6632, 4216
❷ 7, 5, 0, 9 / 8, 2, 1, 3 / 8, 1, 8, 7 / 8213, 7509
❸ 3, 5, 4, 9 / 3, 5, 4, 8 / 3, 5, 7, 2 / 3572, 3548

**27쪽**

❹ 5000에 ○표, 2000에 △표
❺ 7908에 ○표, 7900에 △표
❻ 6600에 ○표, 4620에 △표
❼ 4219에 ○표, 3224에 △표
❽ 8216에 ○표, 2242에 △표
❾ 4417에 ○표, 4328에 △표
❿ 7214에 ○표, 6547에 △표
⓫ 5043에 ○표, 2999에 △표
⓬ 3014에 ○표, 2268에 △표
⓭ 5860에 ○표, 3352에 △표
⓮ 9832에 ○표, 9753에 △표
⓯ 7910에 ○표, 6273에 △표
⓰ 2022에 ○표, 1983에 △표
⓱ 8553에 ○표, 8546에 △표

## 평가 1. 네 자리 수

11일 차

**28쪽**

1 1000
2 7000
3 구천
4 3000
5 이천오백사십삼
6 6070
7 1, 9, 4, 3
8 7520
9 5, 1, 8, 9
10 8, 0, 4, 6

**29쪽**

11 200
12 50
13 4475, 6475, 7475
14 8573, 8603, 8613
15 3628, 3728, 3928
16 >
17 <
18 <
19 1804에 ○표, 1727에 △표
20 4591에 ○표, 3526에 △표

틀린 문제는 클리닉 북에서 보충할 수 있습니다.

| 문제 | 쪽 | 문제 | 쪽 | 문제 | 쪽 | 문제 | 쪽 |
|---|---|---|---|---|---|---|---|
| 1 | 1쪽 | 7 | 2쪽 | 11 | 3쪽 | 16 | 5쪽 |
| 2 | 1쪽 | 8 | 2쪽 | 12 | 3쪽 | 17 | 5쪽 |
| 3 | 1쪽 | 9 | 3쪽 | 13 | 4쪽 | 18 | 5쪽 |
| 4 | 1쪽 | 10 | 3쪽 | 14 | 4쪽 | 19 | 5쪽 |
| 5 | 2쪽 | | | 15 | 4쪽 | 20 | 5쪽 |
| 6 | 2쪽 | | | | | | |

# 2. 곱셈구구

## ① 2단 곱셈구구

1일 차

**32쪽**

❶ 4
❷ 8
❸ 14
❹ 18

**33쪽**

❺ 2, 4, 6, 8, 10, 12, 14, 16, 18
❻ 6, 8, 12, 14, 18
❼ 4, 8, 12, 14, 16
❽ 2, 6, 10, 16, 18

2일 차

**34쪽**

❶ 1, 2
❷ 3, 6
❸ 5, 10
❹ 6, 12
❺ 8, 16

**35쪽**

❻ 2
❼ 4
❽ 6
❾ 8
❿ 10
⓫ 12
⓬ 14
⓭ 16
⓮ 18
⓯ 4
⓰ 8
⓱ 12
⓲ 16
⓳ 18
⓴ 2
㉑ 6
㉒ 10
㉓ 14
㉔ 18
㉕ 4
㉖ 16

## ② 5단 곱셈구구

3일 차

**36쪽**

❶ 15
❷ 25
❸ 30
❹ 40

**37쪽**

❺ 5, 10, 15, 20, 25, 30, 35, 40, 45
❻ 10, 15, 20, 30, 40
❼ 5, 15, 30, 40, 45
❽ 5, 10, 25, 35, 45

4일 차

**38쪽**

❶ 1, 5
❷ 2, 10
❸ 4, 20
❹ 7, 35
❺ 9, 45

**39쪽**

❻ 5
❼ 10
❽ 15
❾ 20
❿ 25
⓫ 30
⓬ 35
⓭ 40
⓮ 45
⓯ 10
⓰ 20
⓱ 30
⓲ 40
⓳ 45
⓴ 5
㉑ 15
㉒ 25
㉓ 35
㉔ 45
㉕ 20
㉖ 40

## ③ 3단 곱셈구구

5일 차

### 40쪽

❶ 9
❷ 12
❸ 21
❹ 24

### 41쪽

❺ 3, 6, 9, 12, 15, 18, 21, 24, 27
❻ 3, 9, 15, 21, 27
❼ 6, 9, 15, 18, 24
❽ 6, 12, 18, 24, 27

6일 차

### 42쪽

❶ 1, 3
❷ 2, 6
❸ 3, 9
❹ 5, 15
❺ 9, 27

### 43쪽

❻ 3
❼ 6
❽ 9
❾ 12
❿ 15
⓫ 18
⓬ 21
⓭ 24
⓮ 27
⓯ 3
⓰ 9
⓱ 15
⓲ 21
⓳ 27
⓴ 6
㉑ 12
㉒ 18
㉓ 24
㉔ 27
㉕ 9
㉖ 21

## ④ 6단 곱셈구구

7일 차

### 44쪽

❶ 12
❷ 30
❸ 36
❹ 42

### 45쪽

❺ 6, 12, 18, 24, 30, 36, 42, 48, 54
❻ 6, 12, 24, 30, 48
❼ 12, 18, 30, 42, 54
❽ 6, 18, 36, 42, 54

8일 차

### 46쪽

❶ 2, 12
❷ 3, 18
❸ 4, 24
❹ 8, 48
❺ 9, 54

### 47쪽

❻ 6
❼ 12
❽ 18
❾ 24
❿ 30
⓫ 36
⓬ 42
⓭ 48
⓮ 54
⓯ 6
⓰ 18
⓱ 30
⓲ 42
⓳ 54
⓴ 12
㉑ 24
㉒ 36
㉓ 48
㉔ 54
㉕ 6
㉖ 30

## ①~④ 다르게 풀기

9일 차

### 48쪽

❶ 10
❷ 15
❸ 6
❹ 36
❺ 24
❻ 16
❼ 21
❽ 45

### 49쪽

❾ 9
❿ 40
⓫ 12
⓬ 8
⓭ 14
⓮ 18
⓯ 25
⓰ 54
⓱ 5, 6, 30

## ⑤ 4단 곱셈구구

10일 차

### 50쪽

❶ 12
❷ 16
❸ 24
❹ 32

### 51쪽

❺ 4, 8, 12, 16, 20, 24, 28, 32, 36
❻ 4, 12, 16, 28, 36
❼ 8, 16, 24, 28, 32
❽ 8, 12, 20, 24, 36

11일 차

### 52쪽

❶ 1, 4
❷ 2, 8
❸ 5, 20
❹ 7, 28
❺ 9, 36

### 53쪽

❻ 4
❼ 8
❽ 12
❾ 16
❿ 20
⓫ 24
⓬ 28
⓭ 32
⓮ 36
⓯ 4
⓰ 12
⓱ 20
⓲ 28
⓳ 36
⓴ 8
㉑ 16
㉒ 24
㉓ 32
㉔ 36
㉕ 28
㉖ 20

## ⑥ 8단 곱셈구구

12일 차

### 54쪽

❶ 16
❷ 24
❸ 40
❹ 56

### 55쪽

❺ 8, 16, 24, 32, 40, 48, 56, 64, 72
❻ 16, 24, 40, 48, 64
❼ 8, 24, 40, 56, 72
❽ 8, 32, 48, 56, 72

13일 차

### 56쪽

❶ 1, 8
❷ 4, 32
❸ 6, 48
❹ 8, 64
❺ 9, 72

### 57쪽

❻ 8
❼ 16
❽ 24
❾ 32
❿ 40
⓫ 48
⓬ 56
⓭ 64
⓮ 72
⓯ 8
⓰ 24
⓱ 40
⓲ 56
⓳ 72
⓴ 16
㉑ 32
㉒ 48
㉓ 64
㉔ 72
㉕ 40
㉖ 56

## ⑦ 7단 곱셈구구

14일 차

**58쪽**

❶ 21
❷ 35
❸ 42
❹ 56

**59쪽**

❺ 7, 14, 21, 28, 35, 42, 49, 56, 63
❻ 14, 28, 42, 49, 56
❼ 7, 21, 35, 42, 63
❽ 7, 28, 35, 49, 63

15일 차

**60쪽**

❶ 1, 7
❷ 2, 14
❸ 4, 28
❹ 7, 49
❺ 9, 63

**61쪽**

❻ 7
❼ 14
❽ 21
❾ 28
❿ 35
⓫ 42
⓬ 49
⓭ 56
⓮ 63
⓯ 14
⓰ 28
⓱ 42
⓲ 56
⓳ 63
⓴ 7
㉑ 21
㉒ 35
㉓ 49
㉔ 63
㉕ 14
㉖ 42

## ⑧ 9단 곱셈구구

16일 차

**62쪽**

❶ 18
❷ 36
❸ 45
❹ 63

**63쪽**

❺ 9, 18, 27, 36, 45, 54, 63, 72, 81
❻ 9, 18, 45, 63, 81
❼ 27, 36, 54, 63, 72
❽ 9, 27, 54, 72, 81

17일 차

**64쪽**

❶ 1, 9
❷ 3, 27
❸ 6, 54
❹ 8, 72
❺ 9, 81

**65쪽**

❻ 9
❼ 18
❽ 27
❾ 36
❿ 45
⓫ 54
⓬ 63
⓭ 72
⓮ 81
⓯ 18
⓰ 36
⓱ 54
⓲ 72
⓳ 81
⓴ 9
㉑ 27
㉒ 45
㉓ 63
㉔ 81
㉕ 36
㉖ 72

## 9 1단 곱셈구구 / 0의 곱

18일 차

### 66쪽

❶ 3
❷ 6
❸ 0
❹ 0

### 67쪽

❺ 1, 3, 4, 6, 7
❻ 2, 5, 6, 8, 9
❼ 0, 0, 0, 0, 0
❽ 0, 0, 0, 0, 0

19일 차

### 68쪽

❶ 2, 2
❷ 4, 4
❸ 5, 5
❹ 8, 8
❺ 9, 9

### 69쪽

❻ 2
❼ 3
❽ 1
❾ 5
❿ 6
⓫ 7
⓬ 1
⓭ 0
⓮ 0
⓯ 0
⓰ 0
⓱ 0
⓲ 0
⓳ 0
⓴ 0
㉑ 0
㉒ 0
㉓ 0
㉔ 0
㉕ 0
㉖ 0

## 10 곱셈표 만들기

20일 차

### 70쪽

❶ 1, 2, 3, 4, 5, 6
❷ 9, 12, 15, 18, 21, 24
❸ 8, 12, 16, 20, 24, 28
❹ 24, 32, 40, 48, 56, 64
❺ 36, 45, 54, 63, 72, 81

### 71쪽

❻

| × | 1 | 2 | 3 | 4 |
|---|---|---|---|---|
| 1 | 1 | 2 | 3 | 4 |
| 2 | 2 | 4 | 6 | 8 |
| 3 | 3 | 6 | 9 | 12 |
| 4 | 4 | 8 | 12 | 16 |

❼

| × | 3 | 4 | 5 | 6 |
|---|---|---|---|---|
| 2 | 6 | 8 | 10 | 12 |
| 3 | 9 | 12 | 15 | 18 |
| 4 | 12 | 16 | 20 | 24 |
| 5 | 15 | 20 | 25 | 30 |

❽

| × | 5 | 6 | 7 | 8 |
|---|---|---|---|---|
| 3 | 15 | 18 | 21 | 24 |
| 4 | 20 | 24 | 28 | 32 |
| 5 | 25 | 30 | 35 | 40 |
| 6 | 30 | 36 | 42 | 48 |

❾

| × | 2 | 3 | 4 | 5 |
|---|---|---|---|---|
| 4 | 8 | 12 | 16 | 20 |
| 5 | 10 | 15 | 20 | 25 |
| 6 | 12 | 18 | 24 | 30 |
| 7 | 14 | 21 | 28 | 35 |

❿

| × | 4 | 5 | 6 | 7 |
|---|---|---|---|---|
| 5 | 20 | 25 | 30 | 35 |
| 6 | 24 | 30 | 36 | 42 |
| 7 | 28 | 35 | 42 | 49 |
| 8 | 32 | 40 | 48 | 56 |

⓫

| × | 6 | 7 | 8 | 9 |
|---|---|---|---|---|
| 6 | 36 | 42 | 48 | 54 |
| 7 | 42 | 49 | 56 | 63 |
| 8 | 48 | 56 | 64 | 72 |
| 9 | 54 | 63 | 72 | 81 |

21일 차

### 72쪽

❶ 1, 2, 6, 7, 8
❷ 6, 9, 12, 18, 27
❸ 5, 10, 20, 25, 35
❹ 12, 18, 36, 48, 54
❺ 14, 21, 35, 49, 56
❻ 8, 16, 24, 28, 36
❼ 0, 0, 0, 0, 0
❽ 21, 28, 42, 49, 63
❾ 4, 6, 8, 10, 16
❿ 36, 45, 54, 72, 81

### 73쪽

⓫

| × | 2 | 3 | 6 |
|---|---|---|---|
| 1 | 2 | 3 | 6 |
| 2 | 4 | 6 | 12 |
| 4 | 8 | 12 | 24 |

⓬

| × | 1 | 4 | 5 | 6 |
|---|---|---|---|---|
| 2 | 2 | 8 | 10 | 12 |
| 5 | 5 | 20 | 25 | 30 |
| 6 | 6 | 24 | 30 | 36 |
| 7 | 7 | 28 | 35 | 42 |

⓭

| × | 1 | 3 | 4 | 5 | 9 |
|---|---|---|---|---|---|
| 1 | 1 | 3 | 4 | 5 | 9 |
| 4 | 4 | 12 | 16 | 20 | 36 |
| 5 | 5 | 15 | 20 | 25 | 45 |
| 7 | 7 | 21 | 28 | 35 | 63 |
| 8 | 8 | 24 | 32 | 40 | 72 |

⓮

| × | 4 | 6 | 7 |
|---|---|---|---|
| 5 | 20 | 30 | 35 |
| 7 | 28 | 42 | 49 |
| 9 | 36 | 54 | 63 |

⓯

| × | 2 | 7 | 8 | 9 |
|---|---|---|---|---|
| 3 | 6 | 21 | 24 | 27 |
| 5 | 10 | 35 | 40 | 45 |
| 6 | 12 | 42 | 48 | 54 |
| 8 | 16 | 56 | 64 | 72 |

⓰

| × | 2 | 6 | 7 | 8 | 9 |
|---|---|---|---|---|---|
| 3 | 6 | 18 | 21 | 24 | 27 |
| 4 | 8 | 24 | 28 | 32 | 36 |
| 5 | 10 | 30 | 35 | 40 | 45 |
| 8 | 16 | 48 | 56 | 64 | 72 |
| 9 | 18 | 54 | 63 | 72 | 81 |

## ⑤ ~ ⑨ 다르게 풀기

22일 차

### 74쪽

❶ 8
❷ 28
❸ 3
❹ 48
❺ 0
❻ 45
❼ 72
❽ 56

### 75쪽

❾ 24
❿ 20
⓫ 36
⓬ 0
⓭ 32
⓮ 7
⓯ 14
⓰ 81
⓱ 8, 5, 40

## 비법 강의 외우면 빨라지는 계산 비법

23일 차

### 76쪽

❶ 18, 16, 14, 12
❷ 24, 21, 18, 15

### 77쪽

❸ 36, 32, 28, 24
❹ 30, 25, 20, 15
❺ 48, 42, 36, 30
❻ 49, 42, 35, 28
❼ 32, 24, 16, 8
❽ 81, 72, 63, 54

## 평가 2. 곱셈구구

24일 차

**78쪽**

1 8
2 25
3 21
4 18
5 32
6 48
7 14
8 36
9 9
10 0
11 42
12 18
13 24
14 35
15 54
16 0
17 4
18 64

**79쪽**

19

| × | 3 | 4 | 5 | 6 |
|---|---|---|---|---|
| 1 | 3 | 4 | 5 | 6 |
| 2 | 6 | 8 | 10 | 12 |
| 3 | 9 | 12 | 15 | 18 |
| 4 | 12 | 16 | 20 | 24 |

20

| × | 1 | 2 | 3 | 4 |
|---|---|---|---|---|
| 5 | 5 | 10 | 15 | 20 |
| 6 | 6 | 12 | 18 | 24 |
| 7 | 7 | 14 | 21 | 28 |
| 8 | 8 | 16 | 24 | 32 |

21

| × | 3 | 6 | 8 | 9 |
|---|---|---|---|---|
| 2 | 6 | 12 | 16 | 18 |
| 4 | 12 | 24 | 32 | 36 |
| 5 | 15 | 30 | 40 | 45 |
| 7 | 21 | 42 | 56 | 63 |

22 24
23 16
24 5
25 63

틀린 문제는 클리닉 북에서 보충할 수 있습니다.


1 7쪽
2 8쪽
3 9쪽
4 10쪽
5 11쪽
6 12쪽
7 13쪽
8 14쪽
9 15쪽
10 15쪽
11 10쪽
12 7쪽
13 12쪽
14 8쪽
15 14쪽
16 15쪽
17 11쪽
18 12쪽
19 16쪽
20 16쪽
21 16쪽
22 9쪽
23 11쪽
24 15쪽
25 13쪽


# 3. 길이 재기

## ① m와 cm의 관계

1일 차

**82쪽**

❶ 2
❷ 3
❸ 4
❹ 5
❺ 6
❻ 7
❼ 8
❽ 300
❾ 400
❿ 500
⓫ 600
⓬ 700
⓭ 800
⓮ 900

**83쪽**

⓯ 1, 50
⓰ 2, 90
⓱ 3, 40
⓲ 4, 70
⓳ 6, 60
⓴ 8, 30
㉑ 9, 80
㉒ 120
㉓ 230
㉔ 450
㉕ 560
㉖ 740
㉗ 810
㉘ 970

2일 차

**84쪽**

❶ 1
❷ 4
❸ 9
❹ 12
❺ 15
❻ 18
❼ 20
❽ 1, 90
❾ 3, 75
❿ 4, 18
⓫ 6, 56
⓬ 7, 63
⓭ 8, 27
⓮ 9, 3

**85쪽**

⓯ 200
⓰ 500
⓱ 800
⓲ 1000
⓳ 1900
⓴ 2200
㉑ 2500
㉒ 140
㉓ 335
㉔ 517
㉕ 684
㉖ 708
㉗ 841
㉘ 979

## ② 자로 길이 재기

3일 차

**86쪽**

❶ 102 / 1, 7
❷ 1, 57 / 163
❸ 195 / 2, 1
❹ 2, 34 / 239

**87쪽**

❺ 110 / 1, 10
❻ 135 / 1, 35
❼ 160 / 1, 60
❽ 205 / 2, 5

## ③ 받아올림이 없는 길이의 합

4일 차

**88쪽**

❶ 2, 70
❷ 4, 50
❸ 7, 90
❹ 9, 80
❺ 8, 70

**89쪽**

❻ 3, 88
❼ 6, 62
❽ 7, 48
❾ 6, 50
❿ 8, 81
⓫ 11, 36
⓬ 10, 62
⓭ 16, 94
⓮ 15, 42
⓯ 17, 84

5일 차

**90쪽**

❶ 5 m 60 cm
❷ 7 m 90 cm
❸ 8 m 49 cm
❹ 6 m 77 cm
❺ 8 m 64 cm
❻ 10 m 92 cm
❼ 16 m 50 cm
❽ 12 m 58 cm
❾ 17 m 91 cm
❿ 16 m 82 cm

**91쪽**

⓫ 5 m 60 cm
⓬ 4 m 90 cm
⓭ 9 m 55 cm
⓮ 7 m 98 cm
⓯ 9 m 86 cm
⓰ 10 m 57 cm
⓱ 15 m 28 cm
⓲ 11 m 89 cm
⓳ 13 m 71 cm
⓴ 17 m 47 cm
㉑ 18 m 92 cm
㉒ 15 m 65 cm

## ④ 받아올림이 있는 길이의 합

6일 차

**92쪽**

❶ 3, 10
❷ 5, 30
❸ 8, 20
❹ 9, 40
❺ 9, 50

**93쪽**

❻ 4, 15
❼ 8, 25
❽ 9, 11
❾ 7, 40
❿ 9, 9
⓫ 13, 23
⓬ 12, 42
⓭ 16, 31
⓮ 15, 17
⓯ 14, 34

7일 차

**94쪽**

❶ 4 m 10 cm
❷ 7 m 20 cm
❸ 5 m 55 cm
❹ 8 m 15 cm
❺ 7 m 27 cm
❻ 10 m 21 cm
❼ 12 m 4 cm
❽ 13 m 60 cm
❾ 17 m 11 cm
❿ 14 m 34 cm

**95쪽**

⓫ 4 m 50 cm
⓬ 6 m 40 cm
⓭ 7 m 15 cm
⓮ 9 m 7 cm
⓯ 10 m 32 cm
⓰ 8 m 42 cm
⓱ 12 m 40 cm
⓲ 14 m 16 cm
⓳ 11 m 81 cm
⓴ 14 m 25 cm
㉑ 12 m 33 cm
㉒ 19 m 19 cm

## ⑤ 받아내림이 없는 길이의 차

8일 차

**96쪽**

❶ 1, 50
❷ 1, 30
❸ 2, 10
❹ 5, 30
❺ 3, 60

**97쪽**

❻ 1, 35
❼ 3, 25
❽ 2, 24
❾ 1, 71
❿ 4, 34
⓫ 2, 35
⓬ 4, 27
⓭ 2, 19
⓮ 5, 7
⓯ 4, 11

9일 차

**98쪽**

❶ 2 m 10 cm
❷ 1 m 30 cm
❸ 2 m 75 cm
❹ 1 m 55 cm
❺ 3 m 27 cm
❻ 4 m 68 cm
❼ 2 m 9 cm
❽ 37 cm
❾ 3 m 14 cm
❿ 6 m 25 cm

**99쪽**

⓫ 1 m 20 cm
⓬ 2 m 10 cm
⓭ 1 m 25 cm
⓮ 2 m 15 cm
⓯ 4 m 64 cm
⓰ 50 cm
⓱ 6 m 18 cm
⓲ 5 m 8 cm
⓳ 3 m 49 cm
⓴ 7 m 4 cm
㉑ 2 m 11 cm
㉒ 4 m 27 cm

## ⑥ 받아내림이 있는 길이의 차

10일 차

**100쪽**

❶ 1, 60
❷ 1, 80
❸ 3, 40
❹ 2, 90
❺ 4, 80

**101쪽**

❻ 1, 95
❼ 2, 45
❽ 1, 78
❾ 3, 68
❿ 4, 94
⓫ 2, 76
⓬ 6, 38
⓭ 2, 95
⓮ 5, 59
⓯ 1, 88

11일 차

**102쪽**

❶ 1m 70cm
❷ 3m 90cm
❸ 1m 95cm
❹ 3m 45cm
❺ 5m 99cm
❻ 83cm
❼ 4m 37cm
❽ 3m 92cm
❾ 6m 77cm
❿ 3m 64cm

**103쪽**

⓫ 1m 30cm
⓬ 1m 80cm
⓭ 3m 75cm
⓮ 2m 45cm
⓯ 88cm
⓰ 4m 92cm
⓱ 3m 67cm
⓲ 6m 95cm
⓳ 2m 49cm
⓴ 1m 76cm
㉑ 6m 47cm
㉒ 5m 88cm

## ③~⑥ 다르게 풀기

12일 차

**104쪽**

❶ 4m 90cm
❷ 5m 75cm
❸ 8m 86cm
❹ 10m 44cm
❺ 1m 40cm
❻ 5m 30cm
❼ 2m 84cm
❽ 4m 25cm

**105쪽**

❾ 7m 22cm
❿ 8m 53cm
⓫ 4m 28cm
⓬ 3m 76cm
⓭ 1, 95 / 1, 15 / 80

## 평가 3. 길이 재기

13일 차

**106쪽**

1 3
2 5, 25
3 700
4 844
5 130 / 1, 30
6 175 / 1, 75
7 6m 90cm
8 7m 20cm
9 14m 52cm
10 8m 42cm
11 16m 34cm

**107쪽**

12 2m 50cm
13 3m 60cm
14 7m 72cm
15 3m 24cm
16 75cm
17 4m 75cm
18 8m 14cm
19 5m 27cm
20 3m 42cm

틀린 문제는 클리닉 북에서 보충할 수 있습니다.

| 문제 | 쪽 | 문제 | 쪽 | 문제 | 쪽 | 문제 | 쪽 |
|---|---|---|---|---|---|---|---|
| 1 | 17쪽 | 4 | 17쪽 | 7 | 19쪽 | 10 | 19쪽 |
| 2 | 17쪽 | 5 | 18쪽 | 8 | 20쪽 | 11 | 20쪽 |
| 3 | 17쪽 | 6 | 18쪽 | 9 | 20쪽 | | |

| 문제 | 쪽 | 문제 | 쪽 | 문제 | 쪽 | 문제 | 쪽 |
|---|---|---|---|---|---|---|---|
| 12 | 21쪽 | 15 | 21쪽 | 17 | 19쪽 | 19 | 21쪽 |
| 13 | 22쪽 | 16 | 22쪽 | 18 | 20쪽 | 20 | 22쪽 |
| 14 | 22쪽 | | | | | | |

# 4. 시각과 시간

## ① 5분 단위까지 몇 시 몇 분 읽기

1일 차

**110쪽**

❶ 1, 40
❷ 2, 25
❸ 3, 50
❹ 4, 15
❺ 5, 10
❻ 6, 5
❼ 7, 45
❽ 8, 25

**111쪽**

❾ 9, 20
❿ 10, 35
⓫ 11, 5
⓬ 12, 50
⓭ 2, 40
⓮ 5, 15
⓯ 9, 55
⓰ 12, 20

## ② 1분 단위까지 몇 시 몇 분 읽기

2일 차

**112쪽**

❶ 1, 51
❷ 2, 23
❸ 3, 39
❹ 4, 8
❺ 5, 43
❻ 6, 57
❼ 7, 16
❽ 8, 2

**113쪽**

❾ 9, 28
❿ 10, 47
⓫ 11, 19
⓬ 12, 32
⓭ 1, 9
⓮ 3, 46
⓯ 8, 53
⓰ 10, 21

## ③ 몇 시 몇 분 전으로 시각 읽기

3일 차

**114쪽**

❶ 6, 50 / 7, 10
❷ 1, 55 / 2, 5
❸ 12, 50 / 1, 10
❹ 4, 55 / 5, 5
❺ 9, 50 / 10, 10

**115쪽**

❻ 4, 10
❼ 11, 10
❽ 7, 5
❾ 12, 10
❿ 9, 5
⓫ 1, 5
⓬ 6, 10
⓭ 8, 5

## ④ 시간과 분 사이의 관계

4일 차

**116쪽**

❶ 180
❷ 240
❸ 100
❹ 130
❺ 155
❻ 195
❼ 290

**117쪽**

❽ 2
❾ 5
❿ 1, 45
⓫ 2, 15
⓬ 2, 30
⓭ 3, 5
⓮ 3, 20
⓯ 4, 10
⓰ 4, 25
⓱ 5, 30
⓲ 5, 50
⓳ 6, 30
⓴ 6, 45
㉑ 7, 35

5일 차

## 118쪽

❶ 120
❷ 300
❸ 75
❹ 109
❺ 118
❻ 136
❼ 148
❽ 184
❾ 219
❿ 257
⓫ 299
⓬ 322
⓭ 363
⓮ 406

## 119쪽

⓯ 3
⓰ 4
⓱ 1, 35
⓲ 1, 57
⓳ 2, 31
⓴ 2, 46
㉑ 3, 12
㉒ 3, 44
㉓ 4, 53
㉔ 5, 37
㉕ 5, 58
㉖ 6, 12
㉗ 6, 38
㉘ 7, 9

# ⑤ 하루의 시간

6일 차

## 120쪽

❶ 48
❷ 96
❸ 28
❹ 45
❺ 54
❻ 63
❼ 74

## 121쪽

❽ 1
❾ 3
❿ 1, 5
⓫ 1, 11
⓬ 1, 18
⓭ 1, 22
⓮ 2, 5
⓯ 2, 10
⓰ 2, 13
⓱ 2, 19
⓲ 2, 22
⓳ 3, 3
⓴ 3, 16
㉑ 3, 20

7일 차

## 122쪽

❶ 24
❷ 72
❸ 31
❹ 41
❺ 47
❻ 57
❼ 59
❽ 68
❾ 79
❿ 82
⓫ 91
⓬ 97
⓭ 113
⓮ 128

## 123쪽

⓯ 2
⓰ 4
⓱ 1, 1
⓲ 1, 13
⓳ 1, 19
⓴ 2, 7
㉑ 2, 10
㉒ 2, 18
㉓ 3, 1
㉔ 3, 14
㉕ 3, 23
㉖ 4, 4
㉗ 4, 23
㉘ 5, 15

## ⑥ 1주일, 1개월, 1년 사이의 관계

8일 차

### 124쪽

❶ 14
❷ 21
❸ 35
❹ 1
❺ 4
❻ 5
❼ 7
❽ 24
❾ 48
❿ 60
⓫ 1
⓬ 3
⓭ 4
⓮ 6

### 125쪽

⓯ 13
⓰ 17
⓱ 23
⓲ 32
⓳ 2, 1
⓴ 4, 6
㉑ 5, 5
㉒ 16
㉓ 26
㉔ 43
㉕ 53
㉖ 1, 4
㉗ 2, 11
㉘ 4, 4

9일 차

### 126쪽

❶ 7
❷ 28
❸ 16
❹ 25
❺ 36
❻ 47
❼ 52
❽ 3
❾ 6
❿ 2, 3
⓫ 4, 2
⓬ 5, 4
⓭ 6, 6
⓮ 8, 1

### 127쪽

⓯ 12
⓰ 36
⓱ 23
⓲ 30
⓳ 49
⓴ 63
㉑ 77
㉒ 2
㉓ 5
㉔ 1, 9
㉕ 3, 6
㉖ 4, 10
㉗ 6, 2
㉘ 7, 1

## 평가 4. 시각과 시간

10일 차

### 128쪽

1 11, 15
2 5, 55
3 7, 13
4 2, 46
5 10, 20
6 1, 1
7 8, 38
8 4, 10
9 7, 5

### 129쪽

10 75
11 228
12 2, 14
13 5, 2
14 30
15 76
16 1, 9
17 2, 12
18 12
19 19
20 3, 6
21 6, 4
22 30
23 45
24 1, 11
25 4, 2

틀린 문제는 클리닉 북에서 보충할 수 있습니다.

1 23쪽
2 23쪽
3 24쪽
4 24쪽
5 23쪽
6 24쪽
7 24쪽
8 25쪽
9 25쪽
10 26쪽
11 26쪽
12 26쪽
13 26쪽
14 27쪽
15 27쪽
16 27쪽
17 27쪽
18 28쪽
19 28쪽
20 28쪽
21 28쪽
22 28쪽
23 28쪽
24 28쪽
25 28쪽

# 5. 표와 그래프

## ① 자료를 분류하여 표로 나타내기

1일 차

### 132쪽

❶ ///, /, ////, //
/ 3, 1, 4, 2, 10

❷ ///, 卌 /, //, /
/ 3, 6, 2, 1, 12

### 133쪽

❸ 4, 5, 2, 2, 3, 16

❹ 6, 3, 4, 2, 1, 16

## ② 자료를 분류하여 그래프로 나타내기

2일 차

### 134쪽

❶ 3, 4, 3, 5, 15

❷ 서우네 반 학생들이 좋아하는 간식별 학생 수

| 5 | | | | ○ |
|---|---|---|---|---|
| 4 | | ○ | | ○ |
| 3 | ○ | ○ | ○ | ○ |
| 2 | ○ | ○ | ○ | ○ |
| 1 | ○ | ○ | ○ | ○ |
| 학생 수(명) / 간식 | 햄버거 | 치킨 | 떡볶이 | 피자 |

### 135쪽

❸ 4, 3, 2, 1, 4, 1, 15

❹ 남훈이네 반 학생들이 배우고 있는 악기별 학생 수

| 4 | × | | | | × | |
|---|---|---|---|---|---|---|
| 3 | × | × | | | × | |
| 2 | × | × | × | | × | |
| 1 | × | × | × | × | × | × |
| 학생 수(명) / 악기 | 피아노 | 바이올린 | 플루트 | 드럼 | 기타 | 첼로 |

## ③ 표와 그래프의 내용

3일 차

### 136쪽

❶ 21명

❷ 8명

❸ 5명

❹ 토끼, 2명

### 137쪽

❺ 읽은 책 수, 학생 수

❻ 3명

❼ 4권, 6명

❽ 2명

## 평가 5. 표와 그래프

4일 차

### 138쪽

1 6, 1, 3, 10

2 4, 1, 3, 2, 10

3 5, 2, 3, 5, 15

4 좋아하는 색깔별 학생 수

| 5 | / | | | / |
|---|---|---|---|---|
| 4 | / | | | / |
| 3 | / | | / | / |
| 2 | / | / | / | / |
| 1 | / | / | / | / |
| 학생 수(명) / 색깔 | 빨강 | 노랑 | 초록 | 파랑 |

### 139쪽

5 1, 3, 4, 2, 10

6 취미별 학생 수

| 4 | | | ○ | |
|---|---|---|---|---|
| 3 | | ○ | ○ | |
| 2 | | ○ | ○ | ○ |
| 1 | ○ | ○ | ○ | ○ |
| 학생 수(명) / 취미 | 운동 | 독서 | 게임 | 여행 |

7 좋아하는 곤충별 학생 수

| 5 | × | | | |
|---|---|---|---|---|
| 4 | × | × | | |
| 3 | × | × | | |
| 2 | × | × | | × |
| 1 | × | × | × | × |
| 학생 수(명) / 곤충 | 나비 | 잠자리 | 매미 | 개미 |

8 12명

9 나비

10 1명

틀린 문제는 클리닉 북에서 보충할 수 있습니다.

1 29쪽
2 29쪽
3 30쪽
4 30쪽
5 30쪽
6 30쪽
7 31쪽
8 31쪽
9 31쪽
10 31쪽

# 6. 규칙 찾기

## ① 무늬에서 규칙 찾기

1일 차

### 142쪽

❷

❸

❹

### 143쪽

❺ 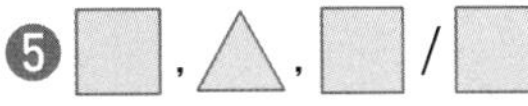

❻ 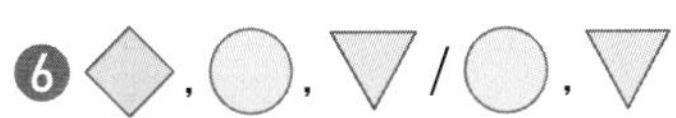

❼  / 시계 방향

❽ / 시계 반대 방향

## ② 쌓은 모양에서 규칙 찾기

2일 차

### 144쪽

❶ 3, 2

❷ 4, 1

❸ 1

### 145쪽

❹ 1

❺ 1

❻ 2

❼ 1

## ③ 덧셈표에서 규칙 찾기

3일 차

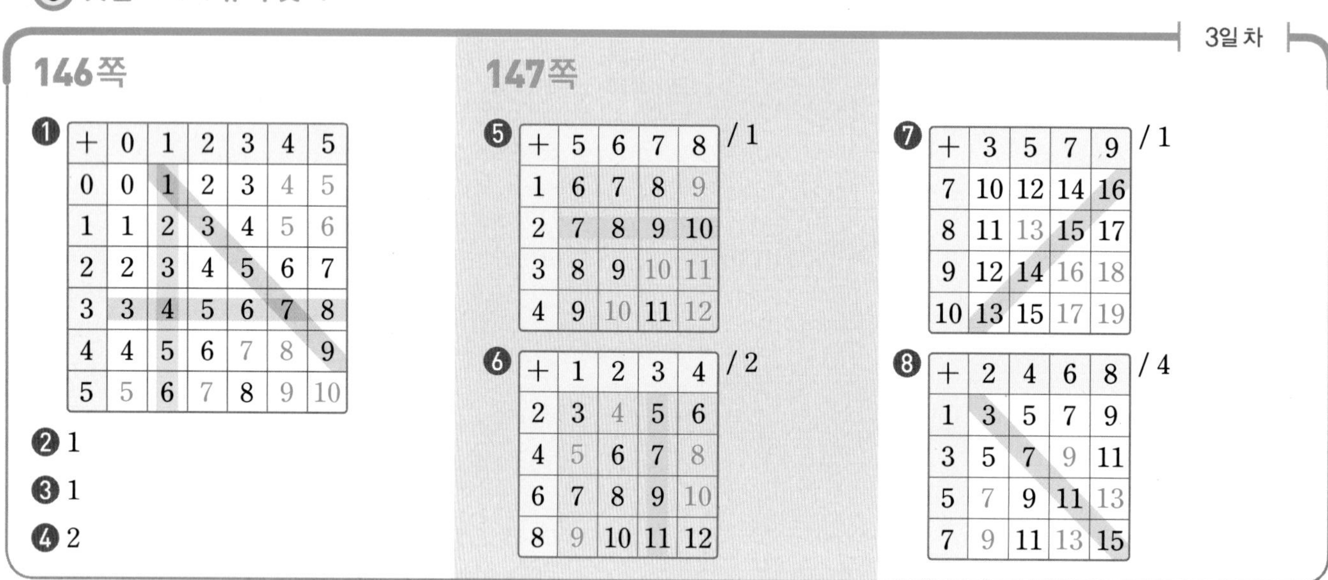

### 146쪽

❶

| + | 0 | 1 | 2 | 3 | 4 | 5 |
|---|---|---|---|---|---|---|
| 0 | 0 | 1 | 2 | 3 | 4 | 5 |
| 1 | 1 | 2 | 3 | 4 | 5 | 6 |
| 2 | 2 | 3 | 4 | 5 | 6 | 7 |
| 3 | 3 | 4 | 5 | 6 | 7 | 8 |
| 4 | 4 | 5 | 6 | 7 | 8 | 9 |
| 5 | 5 | 6 | 7 | 8 | 9 | 10 |

❷ 1

❸ 1

❹ 2

### 147쪽

❺ / 1

| + | 5 | 6 | 7 | 8 |
|---|---|---|---|---|
| 1 | 6 | 7 | 8 | 9 |
| 2 | 7 | 8 | 9 | 10 |
| 3 | 8 | 9 | 10 | 11 |
| 4 | 9 | 10 | 11 | 12 |

❻ / 2

| + | 1 | 2 | 3 | 4 |
|---|---|---|---|---|
| 2 | 3 | 4 | 5 | 6 |
| 4 | 5 | 6 | 7 | 8 |
| 6 | 7 | 8 | 9 | 10 |
| 8 | 9 | 10 | 11 | 12 |

❼ / 1

| + | 3 | 5 | 7 | 9 |
|---|---|---|---|---|
| 7 | 10 | 12 | 14 | 16 |
| 8 | 11 | 13 | 15 | 17 |
| 9 | 12 | 14 | 16 | 18 |
| 10 | 13 | 15 | 17 | 19 |

❽ / 4

| + | 2 | 4 | 6 | 8 |
|---|---|---|---|---|
| 1 | 3 | 5 | 7 | 9 |
| 3 | 5 | 7 | 9 | 11 |
| 5 | 7 | 9 | 11 | 13 |
| 7 | 9 | 11 | 13 | 15 |

## ④ 곱셈표에서 규칙 찾기

4일 차

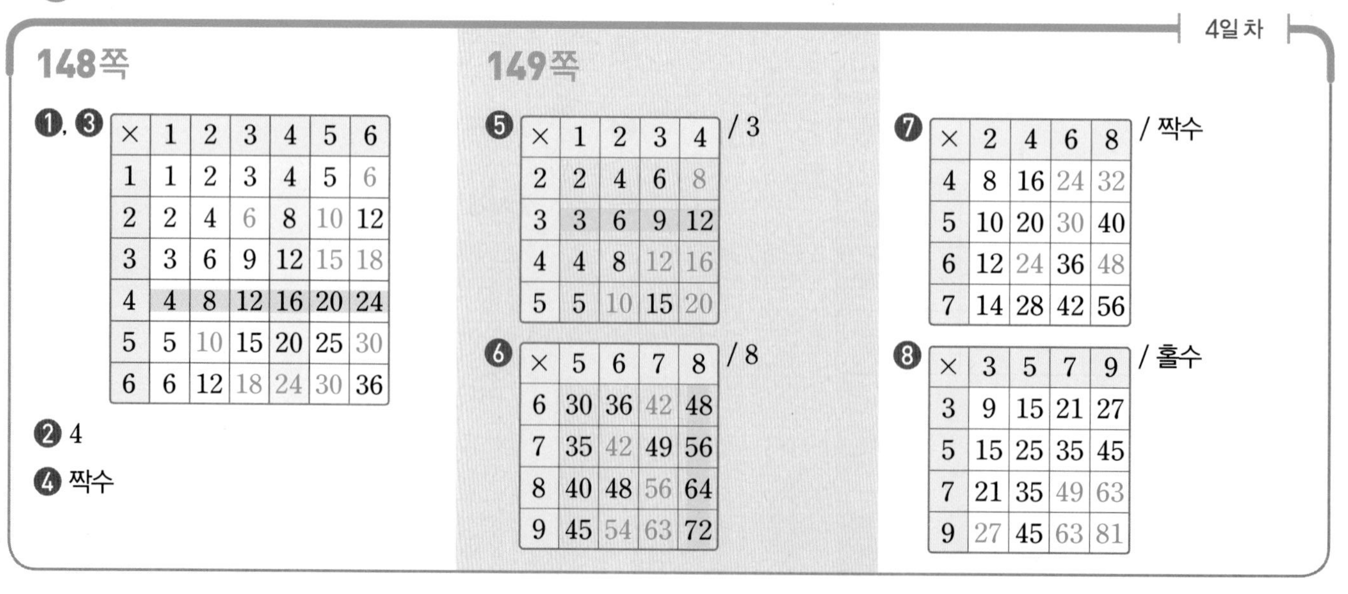

### 148쪽

❶, ❸

| × | 1 | 2 | 3 | 4 | 5 | 6 |
|---|---|---|---|---|---|---|
| 1 | 1 | 2 | 3 | 4 | 5 | 6 |
| 2 | 2 | 4 | 6 | 8 | 10 | 12 |
| 3 | 3 | 6 | 9 | 12 | 15 | 18 |
| 4 | 4 | 8 | 12 | 16 | 20 | 24 |
| 5 | 5 | 10 | 15 | 20 | 25 | 30 |
| 6 | 6 | 12 | 18 | 24 | 30 | 36 |

❷ 4

❹ 짝수

### 149쪽

❺ / 3

| × | 1 | 2 | 3 | 4 |
|---|---|---|---|---|
| 2 | 2 | 4 | 6 | 8 |
| 3 | 3 | 6 | 9 | 12 |
| 4 | 4 | 8 | 12 | 16 |
| 5 | 5 | 10 | 15 | 20 |

❻ / 8

| × | 5 | 6 | 7 | 8 |
|---|---|---|---|---|
| 6 | 30 | 36 | 42 | 48 |
| 7 | 35 | 42 | 49 | 56 |
| 8 | 40 | 48 | 56 | 64 |
| 9 | 45 | 54 | 63 | 72 |

❼ / 짝수

| × | 2 | 4 | 6 | 8 |
|---|---|---|---|---|
| 4 | 8 | 16 | 24 | 32 |
| 5 | 10 | 20 | 30 | 40 |
| 6 | 12 | 24 | 36 | 48 |
| 7 | 14 | 28 | 42 | 56 |

❽ / 홀수

| × | 3 | 5 | 7 | 9 |
|---|---|---|---|---|
| 3 | 9 | 15 | 21 | 27 |
| 5 | 15 | 25 | 35 | 45 |
| 7 | 21 | 35 | 49 | 63 |
| 9 | 27 | 45 | 63 | 81 |

## 평가 6. 규칙 찾기

5일 차

### 150쪽

1

| ▽ | □ | ▽ | □ | ▽ |
|---|---|---|---|---|
| □ | ▽ | □ | ▽ | □ |
| ▽ | □ | ▽ | □ | ▽ |
| □ | ▽ | □ | ▽ | □ |

2

| ○ | △ | ☆ | ○ | △ |
|---|---|---|---|---|
| ☆ | ○ | △ | ☆ | ○ |
| △ | ☆ | ○ | △ | ☆ |
| ○ | △ | ☆ | ○ | △ |

3 ⊞

4 1

5 3, 2, 1

6 1

### 151쪽

7 / 1

| + | 1 | 3 | 5 | 7 |
|---|---|---|---|---|
| 2 | 3 | 5 | 7 | 9 |
| 3 | 4 | 6 | 8 | 10 |
| 4 | 5 | 7 | 9 | 11 |
| 5 | 6 | 8 | 10 | 12 |

8 / 3

| + | 6 | 7 | 8 | 9 |
|---|---|---|---|---|
| 4 | 10 | 11 | 12 | 13 |
| 6 | 12 | 13 | 14 | 15 |
| 8 | 14 | 15 | 16 | 17 |
| 10 | 16 | 17 | 18 | 19 |

9 / 2

| × | 2 | 3 | 4 | 5 |
|---|---|---|---|---|
| 1 | 2 | 3 | 4 | 5 |
| 2 | 4 | 6 | 8 | 10 |
| 3 | 6 | 9 | 12 | 15 |
| 4 | 8 | 12 | 16 | 20 |

10 / 6

| × | 1 | 3 | 5 | 7 |
|---|---|---|---|---|
| 2 | 2 | 6 | 10 | 14 |
| 4 | 4 | 12 | 20 | 28 |
| 6 | 6 | 18 | 30 | 42 |
| 8 | 8 | 24 | 40 | 56 |

틀린 문제는 클리닉 북에서 보충할 수 있습니다.

1 33쪽
2 33쪽
3 33쪽
4 34쪽
5 34쪽
6 34쪽
7 35쪽
8 35쪽
9 36쪽
10 36쪽

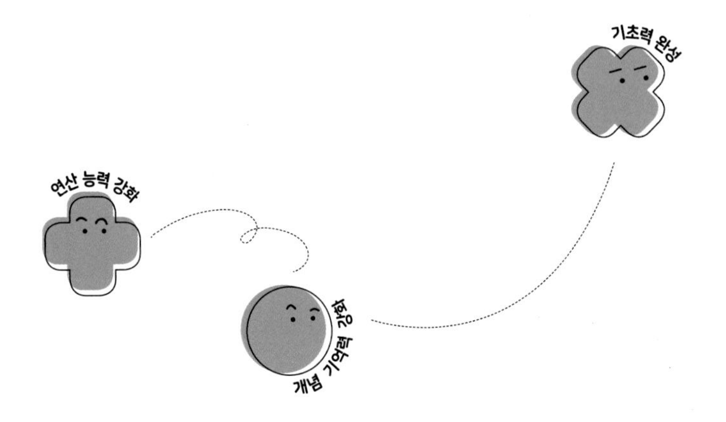

# 1. 네 자리 수

### 1쪽 1 몇천

① 사천　② 3000
③ 육천　④ 5000
⑤ 구천　⑥ 8000
⑦ 1000　⑧ 9000
⑨ 2000　⑩ 1000
⑪ 7000　⑫ 6000

### 2쪽 2 네 자리 수

① 4, 2, 6, 5　② 6, 5, 0, 7
③ 3781　④ 5079
⑤ 이천오백　⑥ 1256
⑦ 육천이백구십　⑧ 4025
⑨ 팔천구백삼　⑩ 9006

### 3쪽 3 네 자리 수의 자릿값

① (위에서부터) 2, 9, 4, 6 / 2000, 900, 40, 6
② (위에서부터) 5, 4, 0, 8 / 5000, 400, 0, 8
③ 20　④ 3000
⑤ 700　⑥ 5
⑦ 6000　⑧ 100
⑨ 0　⑩ 90

### 4쪽 4 뛰어 세기

① 100　② 1000
③ 1　④ 10
⑤ 5758, 7758, 8758　⑥ 5015, 5016, 5018
⑦ 8372, 8402, 8412　⑧ 9247, 9547, 9647

### 5쪽 5 네 자리 수의 크기 비교

① >　② <　③ <
④ >　⑤ >　⑥ <
⑦ <　⑧ <　⑨ >
⑩ >　⑪ >　⑫ <
⑬ 7244에 ○표, 5419에 △표
⑭ 4620에 ○표, 2450에 △표
⑮ 1954에 ○표, 1816에 △표
⑯ 7462에 ○표, 7449에 △표

# 2. 곱셈구구

### 7쪽 1 2단 곱셈구구

① 2, 8, 10, 14　② 4, 6, 12, 16, 18
③ 2　④ 16　⑤ 8
⑥ 18　⑦ 14　⑧ 12
⑨ 6　⑩ 4　⑪ 10

### 8쪽 2 5단 곱셈구구

① 10, 15, 30, 45　② 5, 20, 25, 35, 40
③ 15　④ 30　⑤ 40
⑥ 5　⑦ 45　⑧ 20
⑨ 35　⑩ 25　⑪ 10

### 9쪽 3 3단 곱셈구구

① 3, 12, 15, 27　② 6, 9, 18, 21, 24
③ 9　④ 15　⑤ 27
⑥ 6　⑦ 12　⑧ 21
⑨ 24　⑩ 3　⑪ 18

## 10쪽 4 6단 곱셈구구

❶ 12, 30, 36, 54 ❷ 6, 18, 24, 42, 48
❸ 12 ❹ 42 ❺ 24
❻ 30 ❼ 6 ❽ 54
❾ 36 ❿ 48 ⓫ 18

## 11쪽 5 4단 곱셈구구

❶ 4, 8, 16, 32 ❷ 12, 20, 24, 28, 36
❸ 20 ❹ 4 ❺ 24
❻ 12 ❼ 32 ❽ 28
❾ 36 ❿ 16 ⓫ 8

## 12쪽 6 8단 곱셈구구

❶ 16, 24, 40, 64 ❷ 8, 32, 48, 56, 72
❸ 8 ❹ 40 ❺ 56
❻ 24 ❼ 64 ❽ 32
❾ 72 ❿ 16 ⓫ 48

## 13쪽 7 7단 곱셈구구

❶ 7, 21, 28, 49 ❷ 14, 35, 42, 56, 63
❸ 14 ❹ 28 ❺ 35
❻ 49 ❼ 7 ❽ 56
❾ 21 ❿ 63 ⓫ 42

## 14쪽 8 9단 곱셈구구

❶ 18, 45, 54, 81 ❷ 9, 27, 36, 63, 72
❸ 27 ❹ 9 ❺ 54
❻ 18 ❼ 72 ❽ 45
❾ 63 ❿ 36 ⓫ 81

## 15쪽 9 1단 곱셈구구 / 0의 곱

❶ 2, 3, 6, 7, 9 ❷ 0, 0, 0, 0, 0
❸ 4 ❹ 0 ❺ 0
❻ 5 ❼ 1 ❽ 0
❾ 0 ❿ 1 ⓫ 0

## 16쪽 10 곱셈표 만들기

❶

| × | 2 | 3 | 4 | 5 |
|---|---|---|---|---|
| 1 | 2 | 3 | 4 | 5 |
| 2 | 4 | 6 | 8 | 10 |
| 3 | 6 | 9 | 12 | 15 |
| 4 | 8 | 12 | 16 | 20 |

❷

| × | 6 | 7 | 8 | 9 |
|---|---|---|---|---|
| 4 | 24 | 28 | 32 | 36 |
| 5 | 30 | 35 | 40 | 45 |
| 6 | 36 | 42 | 48 | 54 |
| 7 | 42 | 49 | 56 | 63 |

❸

| × | 1 | 2 | 3 | 6 |
|---|---|---|---|---|
| 2 | 2 | 4 | 6 | 12 |
| 4 | 4 | 8 | 12 | 24 |
| 5 | 5 | 10 | 15 | 30 |
| 8 | 8 | 16 | 24 | 48 |

❹

| × | 0 | 2 | 5 | 7 |
|---|---|---|---|---|
| 0 | 0 | 0 | 0 | 0 |
| 3 | 0 | 6 | 15 | 21 |
| 6 | 0 | 12 | 30 | 42 |
| 7 | 0 | 14 | 35 | 49 |

❺

| × | 5 | 6 | 7 | 9 |
|---|---|---|---|---|
| 3 | 15 | 18 | 21 | 27 |
| 4 | 20 | 24 | 28 | 36 |
| 5 | 25 | 30 | 35 | 45 |
| 8 | 40 | 48 | 56 | 72 |

❻

| × | 3 | 4 | 6 | 9 |
|---|---|---|---|---|
| 5 | 15 | 20 | 30 | 45 |
| 6 | 18 | 24 | 36 | 54 |
| 7 | 21 | 28 | 42 | 63 |
| 9 | 27 | 36 | 54 | 81 |

# 3. 길이 재기

## 17쪽 1 m와 cm의 관계

❶ 1 ❷ 2, 90
❸ 3, 21 ❹ 7, 36
❺ 8, 54 ❻ 9, 3
❼ 200 ❽ 170
❾ 352 ❿ 627
⓫ 708 ⓬ 816

### 18쪽 2 자로 길이 재기

❶ 299 / 3, 7
❷ 4, 20 / 427
❸ 105 / 1, 5 ❹ 110 / 1, 10
❺ 130 / 1, 30 ❻ 155 / 1, 55

### 19쪽 3 받아올림이 없는 길이의 합

❶ 2m 50cm ❷ 4m 60cm
❸ 5m 85cm ❹ 4m 35cm
❺ 7m 67cm ❻ 8m 79cm
❼ 3m 90cm ❽ 6m 70cm
❾ 5m 65cm ❿ 7m 45cm
⓫ 9m 59cm ⓬ 15m 96cm

### 20쪽 4 받아올림이 있는 길이의 합

❶ 4m 10cm ❷ 6m 40cm
❸ 5m 28cm ❹ 7m 55cm
❺ 9m 21cm ❻ 12m 29cm
❼ 4m 20cm ❽ 6m 10m
❾ 8m 25cm ❿ 10m 25cm
⓫ 11m 6cm ⓬ 17m 43cm

### 21쪽 5 받아내림이 없는 길이의 차

❶ 1m 40cm ❷ 3m 20cm
❸ 2m 5cm ❹ 1m 35cm
❺ 5m 37cm ❻ 4m 62cm
❼ 1m 30cm ❽ 2m 10cm
❾ 2m 35cm ❿ 4m 15cm
⓫ 7m 74cm ⓬ 3m 17cm

### 22쪽 6 받아내림이 있는 길이의 차

❶ 1m 70cm ❷ 2m 80cm
❸ 1m 95cm ❹ 3m 75cm
❺ 5m 69cm ❻ 2m 33cm
❼ 1m 50cm ❽ 3m 40cm
❾ 4m 75cm ❿ 3m 85cm
⓫ 4m 68cm ⓬ 5m 93cm

## 4. 시각과 시간

### 23쪽 1 5분 단위까지 몇 시 몇 분 읽기

❶ 1, 25 ❷ 2, 40 ❸ 4, 35
❹ 6, 55 ❺ 7, 45 ❻ 8, 20
❼ 9, 10 ❽ 11, 5 ❾ 12, 15
❿ 3, 50 ⓫ 5, 5 ⓬ 10, 15

### 24쪽 2 1분 단위까지 몇 시 몇 분 읽기

❶ 1, 41 ❷ 3, 18 ❸ 4, 54
❹ 6, 7 ❺ 7, 22 ❻ 8, 48
❼ 9, 12 ❽ 10, 27 ❾ 12, 36
❿ 2, 36 ⓫ 5, 9 ⓬ 11, 17

### 25쪽 3 몇 시 몇 분 전으로 시각 읽기

❶ 11, 10 ❷ 3, 5
❸ 4, 5 ❹ 8, 10
❺ 7, 10 ❻ 5, 5
❼ 12, 10 ❽ 2, 5

## 26쪽 4 시간과 분 사이의 관계

❶ 60
❷ 180
❸ 90
❹ 140
❺ 106
❻ 127
❼ 212
❽ 259
❾ 1
❿ 2
⓫ 1, 40
⓬ 2, 30
⓭ 1, 14
⓮ 2, 49
⓯ 3, 51
⓰ 4, 36

## 27쪽 5 하루의 시간

❶ 24
❷ 48
❸ 34
❹ 52
❺ 62
❻ 81
❼ 93
❽ 98
❾ 1
❿ 3
⓫ 1, 15
⓬ 1, 23
⓭ 2, 10
⓮ 2, 21
⓯ 3, 7
⓰ 4, 4

## 28쪽 6 1주일, 1개월, 1년 사이의 관계

❶ 7
❷ 11
❸ 20
❹ 24
❺ 2
❻ 2, 3
❼ 3, 5
❽ 4, 2
❾ 12
❿ 21
⓫ 30
⓬ 38
⓭ 2
⓮ 2, 3
⓯ 3, 10
⓰ 4, 5

# 5. 표와 그래프

## 29쪽 1 자료를 분류하여 표로 나타내기

❶ 4, 3, 6, 2, 3, 18
❷ 2, 6, 4, 3, 1, 16

## 30쪽 2 자료를 분류하여 그래프로 나타내기

❶ 1, 3, 2, 4, 2, 4, 16
❷

| 4 | | | | ○ | | ○ |
|---|---|---|---|---|---|---|
| 3 | | ○ | | ○ | | ○ |
| 2 | | ○ | ○ | ○ | ○ | ○ |
| 1 | ○ | ○ | ○ | ○ | ○ | ○ |
| 학생 수(명) / 장래희망 | 의사 | 과학자 | 선생님 | 연예인 | 요리사 | 운동선수 |

## 31쪽 3 표와 그래프의 내용

❶

| 6 | | | | × | |
|---|---|---|---|---|---|
| 5 | | × | | × | |
| 4 | | × | | × | × |
| 3 | × | × | | × | × |
| 2 | × | × | × | × | × |
| 1 | × | × | × | × | × |
| 학생 수(명) / 주스 | 포도 | 오렌지 | 토마토 | 딸기 | 사과 |

❷ 20명
❸ 딸기 주스, 토마토 주스

# 6. 규칙 찾기

## 33쪽 1 무늬에서 규칙 찾기

❶ ◎, ♧, ◎ / ◎

❷ ○, △, □ / △, □

❸ / 시계 반대 방향

❹ / 시계 방향

## 34쪽 2 쌓은 모양에서 규칙 찾기

❶ 1, 2

❷ 2, 5, 1

❸ 1

❹ 3, 5, 7

## 35쪽 3 덧셈표에서 규칙 찾기

❶ / 1

| + | 1 | 2 | 3 | 4 |
|---|---|---|---|---|
| 1 | 2 | 3 | 4 | 5 |
| 2 | 3 | 4 | 5 | 6 |
| 3 | 4 | 5 | 6 | 7 |
| 4 | 5 | 6 | 7 | 8 |

❷ / 1

| + | 3 | 4 | 5 | 6 |
|---|---|---|---|---|
| 1 | 4 | 5 | 6 | 7 |
| 3 | 6 | 7 | 8 | 9 |
| 5 | 8 | 9 | 10 | 11 |
| 7 | 10 | 11 | 12 | 13 |

❸ / 2

| + | 1 | 2 | 3 | 4 |
|---|---|---|---|---|
| 1 | 2 | 3 | 4 | 5 |
| 3 | 4 | 5 | 6 | 7 |
| 5 | 6 | 7 | 8 | 9 |
| 7 | 8 | 9 | 10 | 11 |

❹ / 3

| + | 2 | 3 | 4 | 5 |
|---|---|---|---|---|
| 2 | 4 | 5 | 6 | 7 |
| 4 | 6 | 7 | 8 | 9 |
| 6 | 8 | 9 | 10 | 11 |
| 8 | 10 | 11 | 12 | 13 |

## 36쪽 4 곱셈표에서 규칙 찾기

❶ / 1

| × | 1 | 2 | 3 | 4 |
|---|---|---|---|---|
| 1 | 1 | 2 | 3 | 4 |
| 2 | 2 | 4 | 6 | 8 |
| 3 | 3 | 6 | 9 | 12 |
| 4 | 4 | 8 | 12 | 16 |

❷ / 4

| × | 2 | 3 | 4 | 5 |
|---|---|---|---|---|
| 3 | 6 | 9 | 12 | 15 |
| 4 | 8 | 12 | 16 | 20 |
| 5 | 10 | 15 | 20 | 25 |
| 6 | 12 | 18 | 24 | 30 |

❸ / 2

| × | 2 | 4 | 6 | 8 |
|---|---|---|---|---|
| 5 | 10 | 20 | 30 | 40 |
| 6 | 12 | 24 | 36 | 48 |
| 7 | 14 | 28 | 42 | 56 |
| 8 | 16 | 32 | 48 | 64 |

❹ / 5

| × | 6 | 7 | 8 | 9 |
|---|---|---|---|---|
| 3 | 18 | 21 | 24 | 27 |
| 4 | 24 | 28 | 32 | 36 |
| 5 | 30 | 35 | 40 | 45 |
| 6 | 36 | 42 | 48 | 54 |

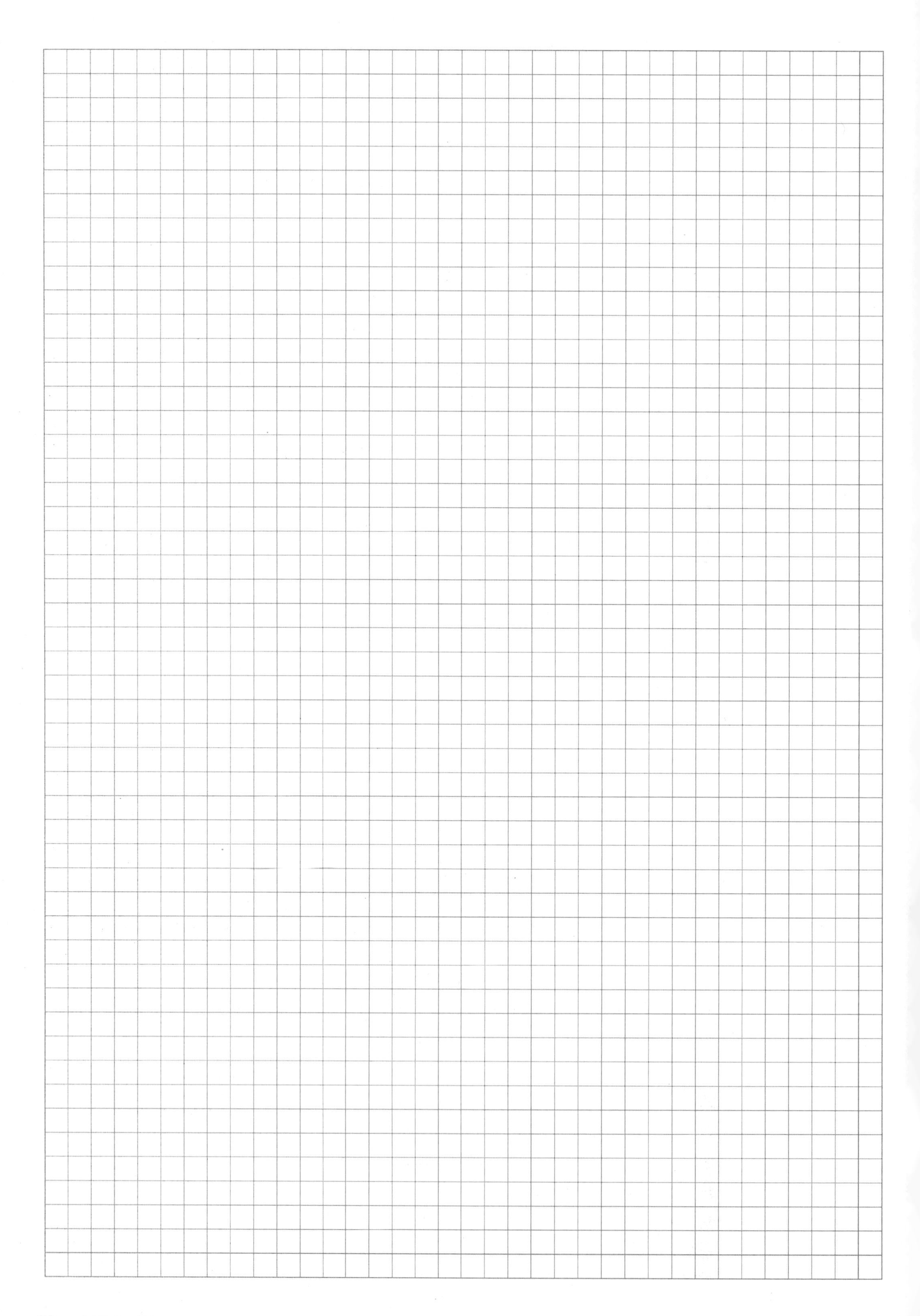

개념·플러스·연산 개념과 연산이 만나 수학의 즐거운 학습 시너지를 일으킵니다.

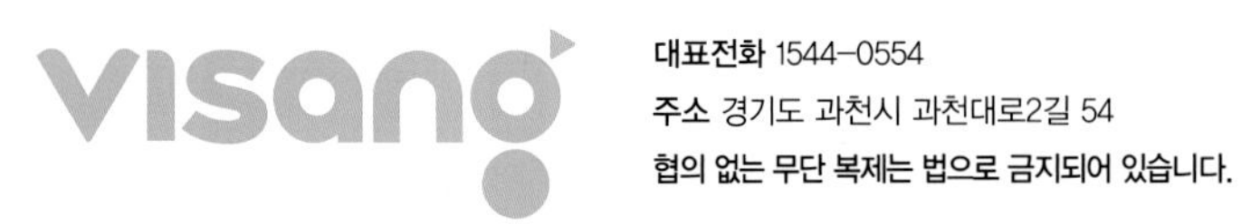
**대표전화** 1544-0554
**주소** 경기도 과천시 과천대로2길 54